BLV Naturführer

Dr. Dankwart Seidel
Wilhelm Eisenreich

Heimische Pflanzen 2

Gefährdete, geschützte, seltene Arten

BLV

CIP-Titelaufnahme der Deutschen Bibliothek

Seidel, Dankwart:
Heimische Pflanzen / Dankwart Seidel;
Wilhelm Eisenreich. –
München; Wien; Zürich: BLV.
NE: Eisenreich, Wilhelm:

2. Gefährdete, geschützte, seltene Arten. –
4., völlig neubearb. Aufl., (Neuausg.). – 1989
(BLV Naturführer; 808)
ISBN 3-405-13808-6

NE: GT

BLV Verlagsgesellschaft mbH,
München Wien Zürich
8000 München 40

4. völlig neubearbeitete Auflage
(Neuausgabe)

BLV Naturführer 808

Satz und Druck: Appl, Wemding
Bindung: Bückers, Anzing

Printed in Germany · ISBN 3-405-13808-6

Bildnachweis:

Mader: 8
Pforr: 115 o
Reinhard: 7, 115 u
Schedler: 13
Seidel: 6, 29, 100
Alle anderen Fotos sowie die Fotos auf dem Umschlag: Wilhelm Eisenreich

Fotos auf dem Umschlag:
Kornrade (Vorderseite);
Fleischfarbenes Knabenkraut (Rückseite)

Zeichnungen: Barbara von Damnitz,
außer S. 70 u: Marlene Gemke
Grafik S. 11 aus: Ringler, Gefährdete Landschaft, BLV Verlagsgesellschaft mbH, 1987

Einführung

Am Anfang der Beschäftigung mit der heimischen Pflanzenwelt steht das Kennenlernen wichtiger Bestimmungsmerkmale und der groben Verwandtschaftsbeziehungen. Die Grundbegriffe zum Aufbau der Blütenpflanzen wurden bereits im Naturführer »Heimische Pflanzen 1« eingehend erklärt, auf eine erneute Erläuterung wird daher im vorliegenden Band verzichtet.
Sobald sich der botanisch Interessierte etwas eingehender mit der heimischen Flora befaßt und einen ersten Überblick über wichtige Vertreter der heimischen Blütenpflanzen gewonnen hat, wird er neben der Erweiterung der Formenkenntnis versuchen, einen Einblick in ökologische und pflanzensoziologische Zusammenhänge zu bekommen. Nicht nur der Name der Pflanze, sondern auch die von ihr bevorzugten Biotope, ihre Ansprüche an bestimmte ökologische Faktoren und die Vergesellschaftung mit anderen Arten in Form bestimmter Pflanzengemeinschaften erscheinen zunehmend von Interesse.
Parallel zu dieser Entwicklung wird er deutliche Unterschiede in der Häufigkeit der Pflanzen feststellen. In der Regel führt dies zu einem gezielten Aufsuchen und Kennenlernen weniger häufiger Arten; oft resultiert daraus eine verstärkte Motivation im Hinblick auf eine größere Exaktheit bei der Bestimmung der Pflanzen (insbesondere bei nah verwandten Arten mit unterschiedlicher Häufigkeit). Aus leicht ersichtlichen Gründen werden auch in diesem Falle – insbesondere von ästhetischen Aspekten beeinflußt – zunächst die optisch auffallenden, seltenen Arten bevorzugt.
Diese Gesichtspunkte fanden bei der Artenauswahl für den zweiten Band »Heimische Pflanzen« Berücksichtigung, quasi als Gegenposition zu den im ersten Band (»Heimische Pflanzen 1«) dargestellten häufigsten Blütenpflanzen. Wie der erste Band, so erhebt auch der vorliegende bei weitem nicht den Anspruch auf Vollständigkeit. Notwendige Beschränkungen erfolgten gemäß der eingangs erwähnten Kriterien.
Vor einer weiterführenden Betrachtung erscheint es angemessen, die immer bedrohlichere Ausmaße annehmende Verarmung der Artenvielfalt zu verdeutlichen sowie die Begriffe »gefährdet«, »geschützt« und »selten« in ihrem Bedeutungsgehalt zu analysieren.

Die Bedrohung von Flora und Fauna

Viele Experten gehen davon aus, daß derzeit pro Tag auf der Erde 1 Tier- oder Pflanzenart ausstirbt. Noch zu Beginn unseres Jahrhunderts lag die Aussterberate etwa bei 1 Art pro Jahr, inzwischen hat der exponentielle Anstieg des unwiederbringlichen Verschwindens von Arten alarmierende Ausmaße erreicht.
Schon seit jeher beeinflußt, verändert und gestaltet der Mensch seine Umwelt und bereits seit geraumer

Vielgestaltige und reich gegliederte Kulturlandschaft.

Zeit gibt es keine vom Menschen unbeeinflußten Ökosysteme mehr. Problematisch ist jedoch nicht der menschliche Einfluß an sich, sondern das nach Art und Umfang maßlose und verantwortungslose Eingreifen des Menschen in Natur und Landschaft.

Viele historische Kulturlandschaften verdanken ihre Entstehung, ihre besondere Eigenart und sogar einen gewissen ökologischen Gleichgewichtszustand der Einwirkung des Menschen, insbesondere der früher meist praktizierten extensiven Nutzung. Auf diese Weise entstanden im vormals fast ausschließlich mit Laubwald bedeckten Mitteleuropa viele neue Beziehungsgefüge, dominierten andere ökologische Faktoren, konnten neue Arten zuwandern und sich im zwischenartlichen Konkurrenzkampf behaupten. An veränderten Biotopen entstanden neue Biozönosen (Lebensgemeinschaften). Zahlreiche Beispiele belegen dies: Streuwiesen und Hackfruchtäcker, Wacholder-(Steppen-)Heiden und Kalkmagerrasen, Steinbrüche und Sandgruben, Abraumhalden und Baggerseen. Ein generelles Aufhören anthropogener Nutzung würde diese Lebensgemeinschaften nicht nur gefährden, sondern sogar ihr Aussterben zur Folge haben.

Indes: Mittlerweile hat die Einwirkung des Menschen auf die Naturlandschaft ganz andere Dimensionen angenommen. In wenigen Jahrzehnten bzw. Jahren wurden mit atemberaubender Geschwindigkeit vielgestaltige Kulturlandschaften in

Ausgeräumte, monotone Agrarproduktionsfläche.

eintönige Agrarproduktionsflächen verwandelt, mußten naturnahe Lebensräume Industrie- und Siedlungsanlagen weichen, zerstückelte ein dicht ausgebautes Verkehrsnetz Naturlandschaften und ließ kaum noch letzte, inselartige Refugien für derart bedrohte Tier- und Pflanzenarten übrig. Die Folgen dieser Verinselung der Lebensräume sind erst in jüngster Zeit deutlich geworden und in ihrer Tragweite erkannt worden. Selbst die Unterschutzstellung derartiger »Inselrefugien« kann den Artenschwund nicht aufhalten, da diese Biozönosen viel zu störanfällig und somit instabil sind.

Daran wird deutlich, daß Artenschutz noch wesentlich mehr sein muß als Biotopschutz: Die derzeit ausgewiesenen Naturschutzgebiete (insgesamt 1–2% der Fläche der Bundesrepublik Deutschland) sind fast ausnahmslos zu klein, um einen wirksamen Biotop- und Artenschutz zu gewährleisten. Im Vordergrund der aktuellen Naturschutzdiskussion steht demzufolge die Forderung, ein Netz von Biotopverbundsystemen zu schaffen, das der Verinselung der Biotope entgegenwirkt, das den noch vorhandenen Teilpopulationen genetischen Austausch ermöglicht und damit einerseits deren Anpassungsfähigkeit erhält, zum anderen zur Stabilität der Biozönosen beiträgt.

Dies erscheint als der einzig gangbare Weg, um die immense Bedrohung von Flora und Fauna zu verringern und die Aussterberate bei Tier- und Pflanzenarten wieder zu senken.

Ausmaß der Gefährdung heimischer Pflanzen

In den meisten Regionen Mitteleuropas sind die Ökosysteme durch menschliche Eingriffe schon so weit gestört, daß die Existenz zahlreicher Arten auf dem Spiel steht. Während diese Entwicklung zunächst weitgehend ignoriert wurde, bewirkte die Erstellung sogenannter Roter Listen einen vergleichsweise raschen Bewußtseinswandel. Bei den Roten Listen handelt es sich um Übersichten über gefährdete Organismen (Pflanzen und Tiere) eines Gebietes unter Kennzeichnung des Gefährdungsgrades. Sie wurden nach dem Muster der »Red Data Books« der IUCN (International Union for Conservation of Nature) erstellt und liegen inzwischen für mehrere Staaten vor (seit 1977 für die Bundesrepublik Deutschland; 4. Auflage 1984) sowie für kleinere Regionen (z. B. die meisten Bundesländer).

Inselartige Gehölzgruppe inmitten einer Agrarfläche: der Artenschwund ist vorprogrammiert!

Die gefährdeten Pflanzenarten werden nach Auswertung umfassender Vegetationsaufnahmen je nach Gefährdungsgrad 5 verschiedenen Kategorien zugeordnet:

Die Kategorie 0 umfaßt sowohl die bereits mit Sicherheit ausgestorbenen bzw. ausgerotteten Arten und diejenigen, die seit mehr als 10 Jahren trotz Suche nicht mehr nachweisbar sind (wahrscheinlich erloschen).

Zur Kategorie 1 gehören vom Aussterben unmittelbar bedrohte Arten. Solche Arten kommen häufig nur noch in Einzelexemplaren oder Kleinstpopulationen vor; ihr Rückgang vollzieht sich sehr rasch.

Auf der nächsten Stufe (Kategorie 2) befinden sich die stark gefährdeten Arten, bei denen im gesamten einheimischen Verbreitungsgebiet ein deutlicher Rückgang der meist ohnehin schon kleinen Bestände zu beobachten ist.

Die Kategorie 3 umfaßt die gefährdeten Arten, die in großen Teilen des einheimischen Verbreitungsgebietes gefährdet sind, die also regional oder lokal zurückgehen bzw. verschwinden.

Schließlich werden als potentiell gefährdete Arten (Kategorie 4) diejenigen verstanden, die wegen räumlich eng begrenzter Areale zwar nicht aktuell bedroht sind, jedoch durch unvorhersehbare bzw. eventuelle menschliche Einflüsse (Bebauungspläne u. a.) in Zukunft direkt betroffen sein können.

Die folgende Übersicht gibt den Anteil der ausgestorbenen und gefährdeten Gefäßpflanzen (= Farn und Blütenpflanzen) am Gesamtartenbestand der Bundesrepublik Deutschland wieder:

Gesamtartenzahl (31.12.1982):	2700	
davon: eingebürgerte Neophyten (= Pflanzen, die erst in neuerer Zeit eingeschleppt wurden; der Zeitpunkt des ersten Auftretens und die zeitliche Abfolge der Ausbreitung sind meist genau bekannt)	224	
einheimische Arten und Archaeophyten (= Pflanzen, die meist in prähistorischer Zeit nach Mitteleuropa kamen und seitdem hier eingebürgert sind)	2476	(100%)
Kategorie 0 (ausgestorben oder verschollen)	60	2,4%
1 (vom Aussterben bedroht)	101	4,1%
2 (stark gefährdet)	255	10,3%
3 (gefährdet)	281	11,3%
aktuell gefährdet (Kategorie 0–3)	697	28,1%
4 (potentiell gefährdet)	165	6,7%
insgesamt	862	34,8%

Aus den Angaben wird deutlich, daß bereits über ein Drittel aller in der Bundesrepublik Deutschland einheimischen Farn- und Blütenpflanzen ausgestorben oder gefährdet sind. Gegenüber der ersten Fassung der Roten Liste ergibt sich bereits eine Zunahme von 40 Arten!

Ergänzend sei vermerkt, daß die Situation bei den übrigen Pflanzengruppen (Thallophyten, sogenannte Niedere Pflanzen) ähnlich bedrohlich ist, wenngleich hier für manche Regionen noch genaue Zahlenwerte fehlen. Bei den Moospflanzen gelten 15(–20)% der Arten als ausgestorben oder gefährdet, bei den Flechten sind 1% ausgestorben und mindestens 20–25% gefährdet, von den Großpilzen erscheinen ebenfalls mehr als ein Drittel der Arten auf der Roten Liste.

Inzwischen liegen genaue Untersuchungen darüber vor, welche menschlichen Eingriffe sich in welchem Ausmaß auf den Artenschwund auswirken. Die Grafik auf S. 12 veranschaulicht die hauptsächlichen Ursachen für den Rückgang von 581 Blütenpflanzenarten, die in der Roten Liste für die Bundesrepublik Deutschland erfaßt sind.

Die Angaben belegen, wie unterschiedlich sich bestimmte menschliche Einflüsse auf die Verringerung der Artenvielfalt auswirken, zugleich wird deutlich, wo Sofortmaßnahmen dringend erforderlich sind, um dem weiteren Artenrückgang Einhalt zu gebieten. Dies kann nur durch besondere Schutzkonzepte und -bestimmungen erreicht werden.

Artenschutz

Die ersten gesetzlichen Artenschutzbestimmungen (Preußisches Feld- und Forstpolizeigesetz 1880) bezogen sich im wesentlichen auf Jagd- und Fangverbote für Tiere bzw. auf Sammelverbote für Pflanzen. Fast 1 Jahrhundert lang wurde auf diese Weise ein restriktiver Artenschutz –

völlig losgelöst vom Biotopschutz – betrieben. Die Schutzmaßnahmen galten demzufolge fast ausschließlich Pflanzenarten oder -familien, die durch kommerzielle Nutzung oder ›Hobbygärtner‹ gefährdet waren, also meist optisch attraktiven, großblütigen Arten (z.B. Enziangewächse, Orchideen, Seerosen usw.). Zudem wurde nur grob zwischen vollkommen geschützten Arten (die weder beschädigt noch von ihrem Standort entfernt werden durften) und teilweise geschützten Arten (entsprechender Schutz nur für Rosetten oder unterirdische Pflanzenteile) differenziert.

Hinzu kommen die unterschiedlichen Bestimmungen und ihre Handhabung in den einzelnen Ländern oder sogar Bundesländern. Am Beispiel zahlreicher Alpenpflanzenarten wird dieser Mißstand besonders deutlich; dies führt oft zu Mißverständnissen und Unsicherheiten und macht vorhandene Schutzbestimmungen unpraktikabel und damit wertlos.

Im Sinne einer Vereinheitlichung von Schutzbestimmungen kommt daher dem Washingtoner Artenschutzübereinkommen große Bedeutung zu, das am 03.03.1973 von 88 Staaten unterzeichnet wurde und seit dem 20.06.1976 in der Bundesrepublik Deutschland in Kraft ist. Auch hier geht es um Artenschutz im engeren Sinne: Der internationale Handel mit gefährdeten Arten soll durch strenge Kontrollen eingeschränkt werden, selbst für den Privatmann gelten Nachweispflicht für den rechtmäßigen Erwerb, Ankaufsverbote usw.

Erst im Jahre 1978 wurde die Bundesartenschutzverordnung erlassen. In der Fassung vom 19.12.1986, in Kraft getreten am 1.1.1987 (BArtSchV), wurde die »Liste der besonders geschützten Pflanzenarten« beträchtlich erweitert und durchaus aktualisiert. Auch werden vom Aussterben bedrohte Arten besonders herausgestellt.

Gleichwohl ergeben sich diverse schwerwiegende Mängel. So bezieht sich die Bundesartenschutzverordnung nur auf Farn- und Blütenpflanzen (also Kormophyten), Pilze und andere Niedere Pflanzen bleiben völlig unberücksichtigt. Vielfach treten auch erhebliche Diskrepanzen zur realen Gefährdung mancher Arten auf: Arten, die noch nicht einmal in der geringsten Gefährdungsstufe (»potentiell gefährdet«) der Roten Liste auftauchen, werden unter Schutz gestellt (z.B. Nestwurz, Breitblättrige Sumpfwurz, Großes Zweiblatt unter den Orchideen). Dies ist zwar der Gesamtsituation nicht unbedingt abträglich, kann aber zu Mißverständnissen und Fehleinschätzungen über die wirkliche Bedrohung der Flora führen.

Andererseits genießen zahlreiche extrem gefährdete Arten keinen gesetzlichen Schutz, da sie in der Bundesartenschutzverordnung nicht erwähnt werden (z.B. Kornrade, Sommer-Adonisröschen, Gewöhnlicher Wasserschlauch u.a.). Ihr Rückgang ist meist auf die bereits erwähnten anthropogenen Einflüsse wie die Zer-

Einfluß des Menschen exemplarisch: Durch ▶ Düngung und Bewirtschaftung wurden die Pflanzenbestände eines ehemals intakten Kalktrockenrasens auf einem Moränenhügel nachhaltig beeinflußt und erheblich dezimiert. Die funktionelle Zuordnung der Pflanzenarten belegt die eklatante Verarmung einer Lebensgemeinschaft.

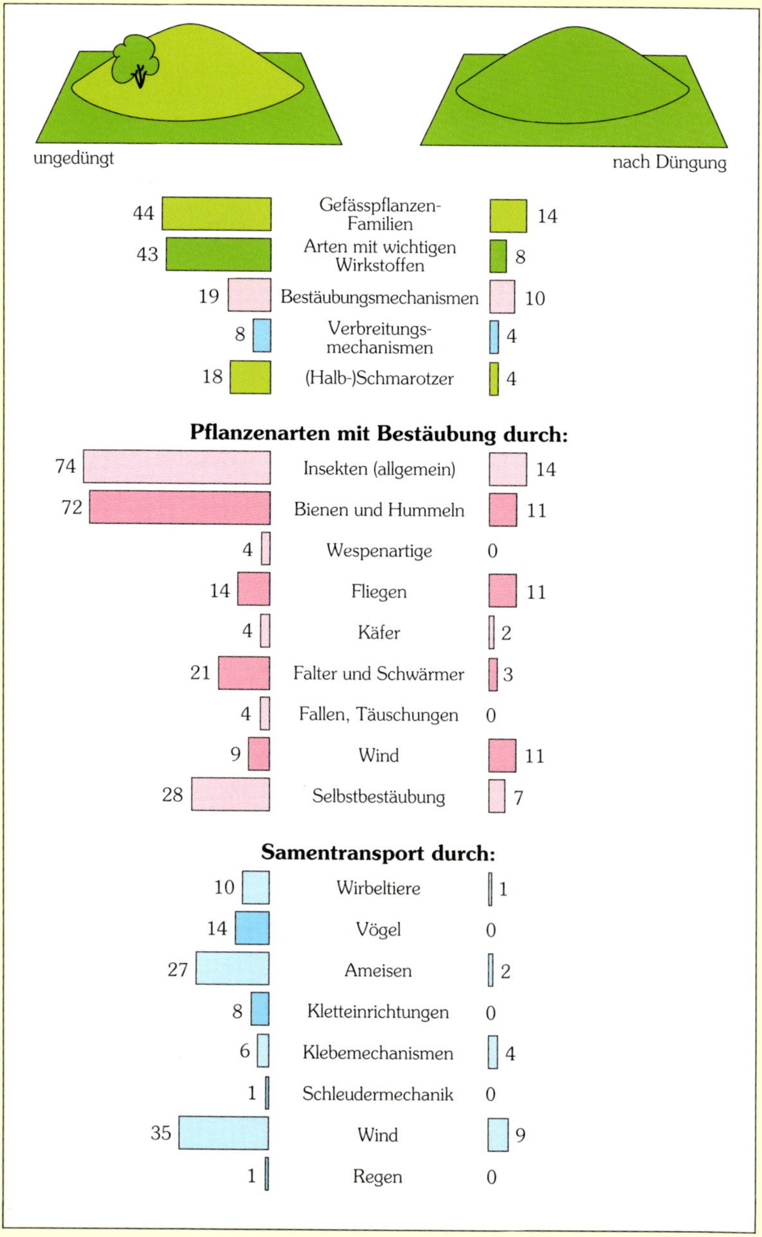

ungedüngt
nach Düngung
44 Gefässpflanzen-Familien 14
43 Arten mit wichtigen Wirkstoffen 8
19 Bestäubungsmechanismen 10
8 Verbreitungs-mechanismen 4
18 (Halb-)Schmarotzer 4
Pflanzenarten mit Bestäubung durch:
74 Insekten (allgemein) 14
72 Bienen und Hummeln 11
4 Wespenartige 0
14 Fliegen 11
4 Käfer 2
21 Falter und Schwärmer 3
4 Fallen, Täuschungen 0
9 Wind 11
28 Selbstbestäubung 7
Samentransport durch:
10 Wirbeltiere 1
14 Vögel 0
27 Ameisen 2
8 Kletteinrichtungen 0
6 Klebemechanismen 4
1 Schleudermechanik 0
35 Wind 9
1 Regen 0

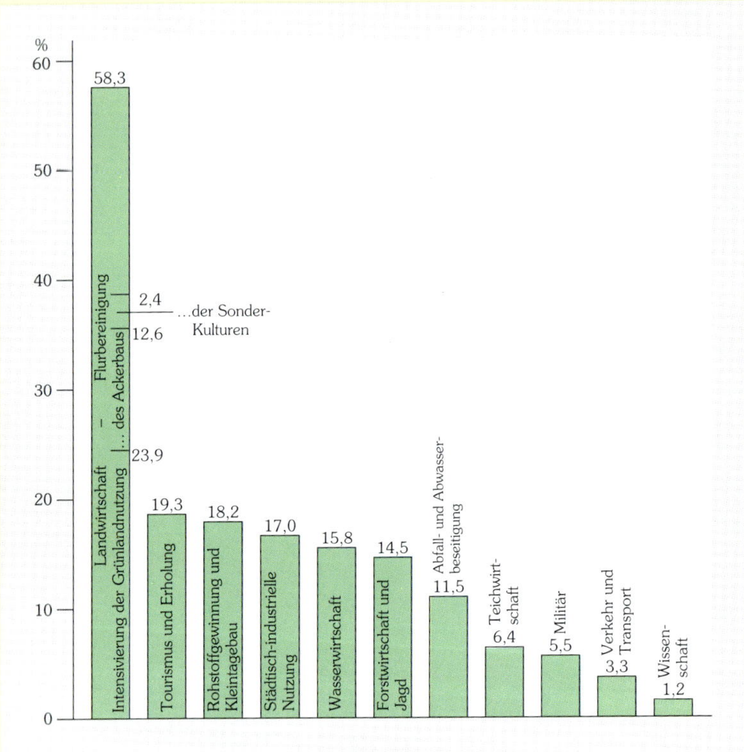

Verursacher des Artenrückganges bei Gefäßpflanzen (bezogen auf 581 Arten; nach Hafner und Philipp, 1986, verändert).

störung von Biotopen (Trockenlegung von Sümpfen und Naßwiesen, Kultivierung von Brachland usw.) oder auf die Wirkung von Kunstdüngemitteln (vor allem Überdüngung), auf Saatgutreinigungsverfahren u.a. zurückzuführen. Aus diesen Gründen ist es möglich, daß sogar ehedem weit verbreitete Acker»unkräuter« heute zu seltenen, gefährdeten Pflanzen geworden sind!

Die Ausführungen belegen, daß die »Rote Liste der gefährdeten Tiere und Pflanzen« und die »Liste der besonders geschützten einheimischen und europäischen Tier- und Pflanzenarten« keineswegs identisch sind, daß in mancher Hinsicht sogar verschiedene Intentionen verfolgt werden.

Die Artenauswahl des vorliegenden Naturführers versucht, all diesen Aspekten wenigstens teilweise gerecht zu werden. Neben den gefährdeten und geschützten Arten werden auch solche berücksichtigt, auf die nur eines oder keines dieser Prädikate zutrifft. Alle Arten sind – zumindest in den meisten Regionen – als selten einzustufen und können auf-

grund ihrer »Schönheit« und/oder »Seltenheit« als außergewöhnliche Bestandteile der heimischen Flora gelten.
Bei allen »Hauptarten« (mit eigener Überschrift) ist jeweils am Textende vermerkt, ob die Art nach der »Roten Liste« gefährdet und/oder ob sie in der Bundesrepublik Deutschland geschützt ist.

Ausblick

Einstellungsänderung und Bewußtseinswandel gegenüber ökologischen Aspekten haben einerseits eine erhöhte Sensibilisierung für Fragen des Naturschutzes bewirkt. Andererseits ist die Anzahl der Naturbeobachter, Naturfotografen und Hobbybotaniker derart gestiegen (dies ist zwar primär positiv zu bewerten!), daß sich nachweislich in manchen Fällen daraus bereits eindeutige Gefährdungen für bedrohte Arten ergeben. Deshalb sei an dieser Stelle nochmals nachdrücklich auf die eingangs erläuterte Störanfälligkeit vieler Restpopulationen – auch und gerade in Schutzgebieten! – hingewiesen und zu äußerster Zurückhaltung beim Aufsuchen und Fotografieren gefährdeter Pflanzen gemahnt.
Der Erhaltung der Artenvielfalt kommt in Gegenwart und Zukunft entscheidende Bedeutung zu:
Die Stabilität von Ökosystemen hängt wesentlich von einem intakten und möglichst kompletten Artenspektrum ab. In vielen Fällen ist die genaue Funktion einer Art innerhalb einer Biozönose oder für den Haushalt und das Gleichgewicht eines Ökosystems noch gar nicht oder nur ansatzweise bekannt. Von daher ist

Fotografen schädigen Orchideenstandort.

ein möglichst vollständiger Artenbestand für die Grundlagenforschung unerläßliche Voraussetzung.
Doch auch anwendungsbezogene Gesichtspunkte dürfen nicht außer acht gelassen werden. Es ist durchaus wahrscheinlich, daß sich der eigentliche Wert mancher, heute vielleicht noch bedeutungslos erscheinender Art für den Menschen – etwa als Heil- oder Nutzpflanze – erst in Zukunft herausstellen wird.
Ferner ist zu bedenken, daß mit dem Aussterben jeder Art auch eine ganz spezifische Kombination von Genen, ein Stück genetischer Variabilität unwiederbringlich verlorengeht. Somit stellt sich auch hier die Frage nach dem verantwortungsvollen Umgang mit den natürlichen Ressourcen.
Diese Verantwortung erstreckt sich aber darüber hinaus sowohl auf die Gesamtheit der Organismen als Mitgeschöpfe als auch auf den Anspruch künftiger Generationen auf eine möglichst intakte Natur, die in ihrer Vielfalt und Schönheit für den Menschen zahlreiche Erlebnismöglichkeiten und neue Erfahrungen, Anregung und Staunen und damit ein gutes Stück Lebensqualität bedeutet. Wir dürfen uns dieser Verantwortung nicht entziehen!

Weiße Seerose

Nymphaea alba

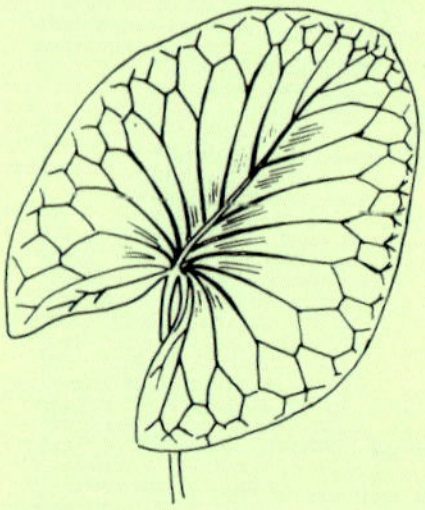

Merkmale: Blütezeit VI–IX. Wasserpflanze mit großen, weißen Blüten und Schwimmblättern. Blütenkronblätter gleichlang oder etwas länger als die 4 Kelchblätter; neben 12–20 flachen, gelben Narbenstrahlen liegen zahlreiche freie Fruchtblätter vor, die nach und nach von Blütenachsengewebe umwuchert werden, so daß der Eindruck eines falschen Fruchtknotens entsteht. Die glänzenden, lederartigen, rundlichen Schwimmblätter (15–30 cm) sind durch weit auseinanderstehende basale Lappen gekennzeichnet (s. Grafik). Die Seitennerven verzweigen sich in Randnähe nahezu rechtwinklig und stehen miteinander in Verbindung. **Standort:** Stehende oder sehr langsam fließende Gewässer (Seen, Teiche, Altwässer) bis maximal 3 m Tiefe. **Verbreitung:** Ganz Europa.

Die Bestäubung erfolgt durch Fliegen und Käfer oder durch Selbstbestäubung. Die elastischen, seilartigen Blattstiele ermöglichen ein rasches Einstellen auf Veränderungen des Wasserstandes. Die Schwimmblätter tragen die Spaltöffnungen für den Gasaustausch nur auf der Oberfläche und die dort befindliche Wachsschicht verhindert eine vollständige Benetzung und fördert damit den Gasaustausch. Ein besonderes Durchlüftungsgewebe in den Blattstielen versorgt das im Schlamm waagrecht wachsende, armstarke Rhizom (kriechender Erdsproß) mit Sauerstoff. Der Luftsack an jedem Samen ermöglicht eine Schwimmverbreitung.
Geschützt.

Gelbe Teichrose

Nuphar lutea

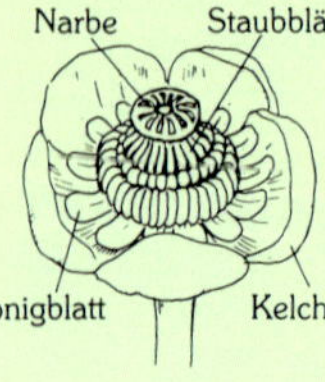

Merkmale: Blütezeit VI–IX. Im Gegensatz zur Weißen Seerose wird hier die Anlockungsfunktion nicht von den Blütenkronblättern, sondern von den 5 gelb gefärbten Kelchblättern übernommen. Die eigentliche Blumenkrone bilden unscheinbare Nektar- oder Honigblätter (s. Grafik). Die 4–6 cm großen Blüten sondern einen intensiven, alkoholartigen Duft ab. Bei den eiförmigen, ganzrandigen, lederartigen Schwimmblättern (Spreite 12–30 cm lang) sind – anders als bei der Seerose – die Seitennerven nicht miteinander verbunden; nach dreifacher Gabelteilung verlaufen sie bis zum Blattrand. **Standort:** Stehende, allenfalls langsam fließende, nährstoffreiche Gewässer bis maximal 4 m Tiefe. **Verbreitung:** Mittleres und nördliches Eurasien.
Teichrose und Seerose sind aufgrund ihres Gehalts an bestimmten Alkaloiden schwach giftig.
Geschützt.

Zungen-Hahnenfuß

Ranunculus lingua

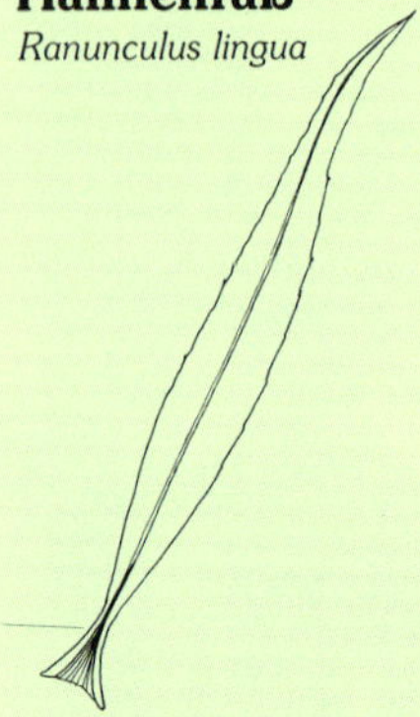

Merkmale: 50–150 cm; Blütezeit VI–VIII. Blüten goldgelb, fettglänzend, 2–4 cm im Durchmesser. Blätter ungeteilt, schmal-lanzettlich bis zungenförmig (Name!), zugespitzt, ganzrandig oder schwach gezähnt (s. Grafik). Stengel aufrecht, dick; oben reich verzweigt, am Grund mit unterirdischen, hohlen Ausläufern. **Standort:** Teichränder, Sümpfe, Sumpfwiesen, Gräben; in flachem, stehendem oder träg fließendem Wasser auf nährstoffreichen Böden. **Verbreitung:** Fast ganz Europa (selten im Mittelmeerraum); bis Westsibirien.

Die zunächst weiblichen Blüten werden meist von Fliegen bestäubt, die Früchte mit Hilfe des Wassers verbreitet. Der Zungen-Hahnenfuß enthält wie viele Arten dieser Familie Protoanemonin und ist demzufolge schwach giftig.

Gefährdet. Geschützt.

Trollblume

Trollius europaeus

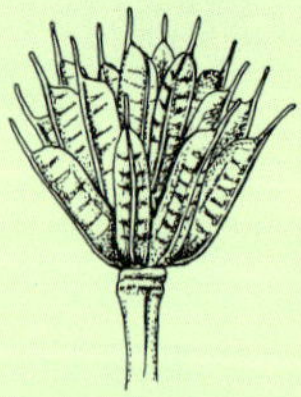

Fruchtstand

Merkmale: 30–60 cm; Blütezeit V–VI. Blüten goldgelb, 20–30 mm Durchmesser. Blütenhüllblätter 5–10 (15), kugelig zusammenneigend; 5–10 unauffällige, löffelartig verbreiterte Honigblätter (aus Staubblättern gebildet). Zahlreiche Balgfrüchte (Sammel-Balgfrüchte; s. Grafik). Stengel unverzweigt, 1-blütig; Blätter meist handförmig geteilt, mit 3-spaltigen, gesägten Zipfeln. **Standort:** Feuchte bis nasse Flachmoorwiesen; Quellwiesen, vor allem der montanen Region. **Verbreitung:** Europa.

Die grünen Blütenknospen färben sich unter Chlorophyllverlust der Chloroplasten zu gelben Blüten um. Interessant sind die Übergänge zwischen Blütenhülle, Hoch- und Laubblättern! Die Trollblume galt früher als Heilpflanze, wird aber heute nicht mehr verwendet. Wegen ihres Gehalts an Protoanemonin ist sie schwach giftig!

Gefährdet. Geschützt.

Gewöhnliche Kuhschelle, Küchenschelle

Pulsatilla vulgaris

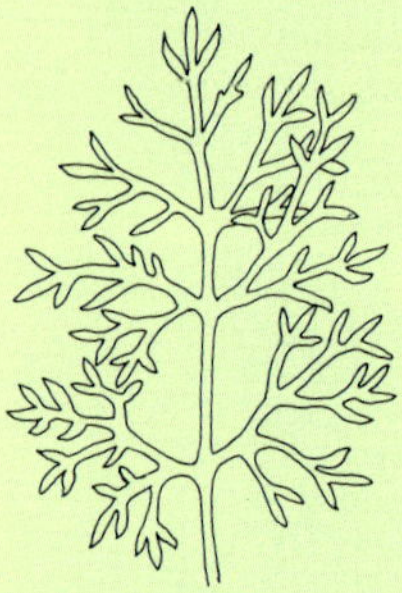

Grundblatt

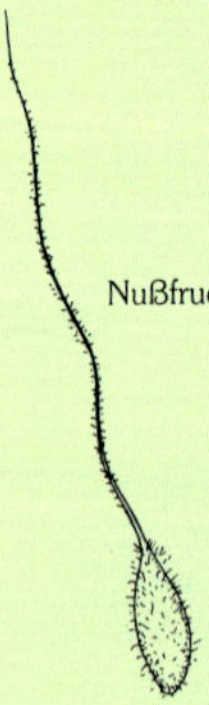

Nußfrucht

Merkmale: 5–10 (zur Fruchtzeit bis 40) cm; Blütezeit III–V. Die Kuh- oder Kü(h)chenschellen zählen zu unseren seltensten Frühjahrsblühern. Gelegentlich findet man noch die nachfolgend beschriebene Art, eine mehrjährige, vollkommen seidenhaarige Pflanze mit 55–80 mm langen, violetten Blüten. Die 6 Blütenhüllblätter sind nicht in Kelch und Krone differenziert, sondern gleichförmig als sogenanntes Perigon ausgebildet; die Staubblätter erreichen höchstens die halbe Länge der Perigonblätter. Bei den Blättern muß zwischen den 3 in schmale Abschnitte zerteilten Hochblättern, die eine Art Hülle bilden, und den Grundblättern (vgl. Grafik) unterschieden werden. Letztere erscheinen im allgemeinen erst nach der Blüte; sie sind 2- bis 3-fach gefiedert. Zur Fruchtzeit verlängert sich der Blütenstengel beträchtlich (s.o.), ebenso die Griffel, die zudem zottige Haare ausbilden. Beide Erscheinungen stehen in engem Zusammenhang mit der Verbreitung der Früchte (Nußfrüchte aus 1 Fruchtblatt; vgl. Grafik). **Standort:** Sonnige Hänge, Wiesen, Heiden, trockene Wälder, steinige Magerrasen; auf Kalk! **Verbreitung:** West- und Mitteleuropa.

Nach der Eiszeit wanderten die beiden Kuhschellenarten *P. vulgaris* und *P. grandis* aus dem Südwesten bzw. Südosten nach Mitteleuropa ein. Als beide Areale einander berührten, traten Hybridisierungen auf. So finden sich heute im österreichisch-bayerischen Donauraum zahlreiche Übergangsformen. Beide Arten gehören der Steppenheideflora an, deren Ausläufer noch im süddeutschen Raum (besonders Schwäbische Alb) in ausgeprägter Form anzutreffen sind. Die Gewöhnliche Kuhschelle wird von Bienen und Hummeln bestäubt. Die Verbreitung der Früchte erfolgt durch den Wind; gemäß den oben beschriebenen Einrichtungen kann man von »Haarfliegern« sprechen. Die Art gehört überdies zu den Tiefwurzlern und enthält Giftstoffe (Anemonin).

Neben der weiß- oder gelbblühenden, im Gebirge vorkommenden **Alpen-Kuhschelle** *(P. alpina)* finden sich in Mitteleuropa 3 weitere Arten: die **Wiesen-Kuhschelle** *(P. pratensis)* mit nickenden Blüten und mehrfach gefiederten Grundblättern, die **Finger-Kuhschelle** *(P. patens)* mit gefingerten Grundblättern und die **Frühlings-Kuhschelle** *(P. vernalis)*, die durch einfach unpaarig gefiederte, wintergrüne Grundblätter gekennzeichnet ist.

Gefährdet. Geschützt.

Narzissen-blütiges Windröschen

Anemone narcissiflora

Merkmale: 20–45 cm; Blütezeit V–VII. Pflanze mehrjährig, behaart; Blüten weiß, zu 2–8 in einer Dolde, Durchmesser 20–30 mm; Blütenblätter innen weiß, außen oft rötlich überlaufen, kahl. Als Früchte werden (Einblatt-)Nüsse gebildet. Die sitzenden, tief und ungleich geteilten, meist 3-spaltigen Hochblätter unterscheiden sich deutlich von den zottig behaarten, 3- bis 5-spaltig handförmigen Grundblättern. **Standort:** Matten, Wiesen, Gebüschränder der subalpinen und alpinen Regionen sowie in den südlichen Mittelgebirgen; in Höhenlagen zwischen 600 und 2500 m; nur auf Kalk! **Verbreitung:** Das Areal dieser Art reicht von den Pyrenäen über die Alpen und Karpaten bis weit in den asiatischen Raum hinein (alpin-altaisch), ein Schwerpunkt findet sich in den Gebirgszügen Mittel-, Süd- und Osteuropas (meist über der Waldgrenze).

Die gesamte Pflanze ist giftig. Neben dem Narzissenblütigen Windröschen treten 3 weitere Arten der Gattung *Anemone* im mitteleuropäischen Raum auf: das bereits im BLV Naturführer »Heimische Pflanzen 1« beschriebene **Busch-Windröschen** *(A. nemorosa),* einer unserer bekanntesten und häufigsten Frühjahrsblüher (mit weißen Blüten); das ähnliche **Gelbe Windröschen** *(A. ranunculoides),* dessen goldgelbe Perigonblätter unterseits weichhaarig sind, und schließlich das **Große Windröschen** *(A. sylvestris)* mit 40–70 mm großen Blüten und weißen, unterseits meist etwas violetten, seidenhaarigen Perigonblättern. Ähnlich wie bei der Kuhschelle *(Pulsatilla)* werden bei dieser Art die silberhaarigen Früchte durch den Wind verbreitet.

Geschützt.

Frühlings-Adonisröschen

Adonis vernalis

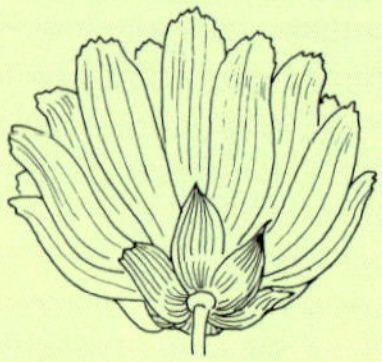

Blüte von der Unterseite

Fruchtstand

Merkmale: 10–40 cm; Blütezeit IV–V. Die mehrjährige Pflanze – auch Frühlings-Teufelsauge genannt – fällt als Frühjahrsblüher durch ihre endständigen, 3–8 cm großen goldgelben Einzelblüten auf. Im Gegensatz zu vielen anderen Hahnenfußgewächsen ist hier die Blütenhülle deutlich in Kelch und Krone gegliedert (s. Grafik). Die Kelchblätter sind breit-eiförmig und etwa halb so lang wie die Blütenkronblätter, deren Anzahl zwischen 10 und 20 liegt. Nektarblätter existieren nicht. Die dicht stehenden Fruchtblätter bilden zahlreiche behaarte Früchte mit hakigem Schnabel aus (s. Grafik). Stengelblätter fiederschnittig, vielzipfelig, nicht gestielt. **Standort:** Sonnige, trockene Stellen auf Kalk- und Sandböden; Heidewiesen, Hügel, Kiefernwälder, auch Felsen. **Verbreitung:** Mittel- und Osteuropa; kontinentale Art, deren Verbreitungsgebiet vor allem die eurasiatischen Steppen und Halbwüsten umfaßt.

Die typische Steppenpflanze ist in warm-trockenen erdgeschichtlichen Perioden aus Südrußland oder sogar aus den innerasiatischen Steppen nach Mitteleuropa vorgedrungen. Die Vorstöße solcher Steppenpflanzen erfolgten im allgemeinen nördlich und südlich der Karpaten sowie über das nördliche Mittelmeergebiet. Man nimmt an, daß das Areal dieser Art früher viel weiter nach Westen reichte. Inzwischen ist durch Klimaveränderungen die Verbindung zum Hauptverbreitungsgebiet verlorengegangen und man spricht somit von einem disjunkten Areal. Die vergleichsweise wenigen mitteleuropäischen Standorte müssen demnach als xerotherme (trockenwarme) Relikte angesehen werden. Bereits diese Eigenschaft unterstreicht die Schutzbedürftigkeit der Art! Dazu kommt, daß die eigentlich adäquaten Biotope des Adonisröschens – die Steppenheiden – immer seltener werden. Durch das Vordringen der Kulturlandschaft verschwindet dieser Lebensraum und damit die Voraussetzung zum Überleben der ohnehin schon sehr selten gewordenen und deswegen streng geschützten Art mehr und mehr.

Neben diesen interessanten pflanzengeographischen Aspekten seien noch einige blütenökologische Besonderheiten genannt: Die Blüten produzieren große Mengen an Pollen zur Beköstigung ihrer Bestäuber; die Fruchtverbreitung erfolgt durch Ameisen. Aus der sehr giftigen Pflanze werden Stoffe (*Digitalis*-Glykoside) extrahiert, die in der Medizin als Herzmittel Verwendung finden.

Stark gefährdet. Geschützt.

Hahnenfußgewächse
Ranunculaceae

Sommer-Adonisröschen
Adonis aestivalis

Merkmale: 20–60 cm; Blütezeit V–VII. Einjährige Pflanze mit einzelnen, lang gestielten Blüten. Kelchblätter kahl, der Blütenkrone anliegend. Kronblätter scharlach- bis mennigrot, seltener zitronengelb (=var. *citrinus*), am Grund mit schwarzem Fleck. Früchte dicht stehend, jedes Nüßchen mit einer Längskante, die am oberen Rand in 1, vorn in 2 Zähne ausläuft; runzelig, kahl. Fruchtschnabel gerade, aufrecht, rein grün. Blätter 2- bis 3-fach gefiedert. Stengel höchstens im oberen Drittel verzweigt. **Standort:** Lehmig-tonige Äcker, Getreidefelder; kalkliebend; von der Ebene bis in mittlere Gebirgslagen. **Verbreitung:** Europa ohne die nördlichsten Bereiche; Westasien.
Die Blüten produzieren zur Beköstigung der bestäubenden Insekten reichlich Pollen (»Pollenblume«!); auch Selbstbestäubung ist möglich. Die Pflanze ist schwach giftig (*Digitalis*-Glykoside).
Gefährdet.

Gewöhnliche Akelei
Aquilegia vulgaris

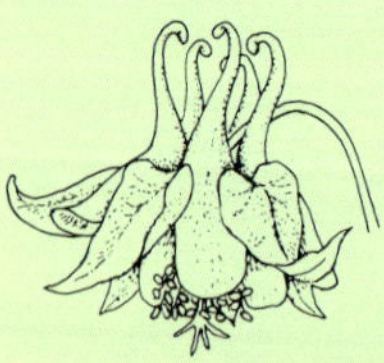

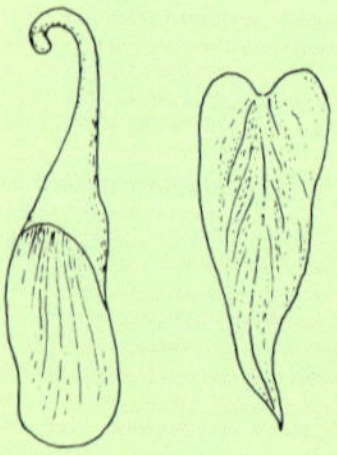

Honigblatt Blütenhüllblatt

Merkmale: 30–80 cm; Blütezeit V–VII. Weithin bekannte Pflanze mit blauvioletten, manchmal rötlichen oder selten weißen, lang gestielten Blüten. Im Rahmen der großen Variabilität, die bei der Ausbildung der verschiedenen Blütenteile bei den Hahnenfußgewächsen zu beobachten ist, treten hier blumenblattartig entwikkelte Honigblätter auf, deren 5 Sporne bogig verlaufen und an der Spitze hakenförmig gekrümmt sind (Sporn 15–22 mm lang; vgl. Grafik). Staubblätter nur wenig aus der Blüte herausragend. Balgfrüchte (vgl. S. 26). Oberste Blätter 3-lappig, sitzend; untere doppelt 3-teilig gefiedert, lang gestielt; Teilblättchen 3-lappig, gekerbt. **Standort:** Lichte Laubwälder, Waldränder, Gebüsche, steinige Hänge; auch Wiesen; bevorzugt Kalkböden; noch in Höhen von 2000 m anzutreffen. **Verbreitung:** Außer Südosteuropa im gesamten europäischen Raum; in Skandinavien wohl nur eingebürgert.
Im Bereich der Blüte läßt sich durch die besondere Ausgestaltung der Nektarblätter eine deutliche Anpassung an die bestäubenden Insekten erkennen. Meist wird der Pollen von Hummeln, gelegentlich von Bienen übertragen. Hautflügler mit zu kurzem Rüssel betreiben »Honigraub«: Sie beißen den Sporn von außen an, um an den Nektar zu gelangen.
Eine Klein- bzw. Unterart ist die **Dunkle Akelei** *(A. atrata)* mit kleineren, meist braunpurpurnen Blüten. Die Staubblätter ragen deutlich aus der Blüte heraus.
Geschützt.

Acker-Rittersporn

Consolida regalis

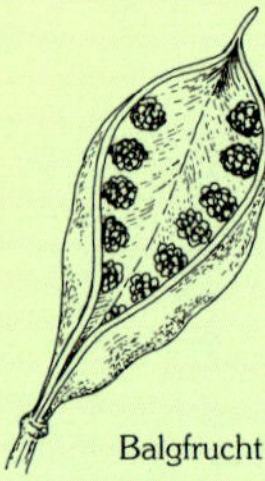

Balgfrucht

Merkmale: 15–50 cm; Blütezeit V–VIII. Blüten zu 3–7 in einer Traube; blau, selten weiß. Charakteristisch ist der bis zu 22 mm lange Sporn, der durch Verwachsung zweier innerer Blütenhüllblätter entstanden ist. Aus einem einzigen kahlen Fruchtblatt entsteht eine Balgfrucht (s.u.; vgl. Grafik). Tragblätter kürzer als die Blütenstiele; Laubblätter mehrfach in schmal-lineale Blattzipfel aufgespalten. **Standort:** Äcker, vor allem Getreidefelder, aber auch an Wegen und auf Schuttplätzen. Bevorzugt kalkhaltige (Lehm-)Böden in tieferen Lagen; fehlt im Gebirge. **Verbreitung:** Eurasiatisch, weit nach Südosten vordringend.

Der Acker-Rittersporn gilt zusammen mit anderen kalkliebenden Ackerkräutern wie dem Adonisröschen *(Adonis aestivalis)* oder dem Acker-Hahnenfuß *(Ranunculus arvensis)* als Zeigerpflanze für die Beschaffenheit des Bodens (Basenzeiger). Dementsprechend reagiert er äußerst empfindlich auf unnatürliche Einflüsse und ist vor allem wegen des Einsatzes von Kunstdüngemitteln schon weitgehend aus unseren Getreidefeldern verschwunden. Das ehemals häufige Acker»unkraut« ist somit in vielen Gebieten bereits zur ausgesprochenen Rarität geworden. Die dorsiventralen Blüten weisen auf eine Insektenbestäubung hin, die im wesentlichen durch Hummeln und Schmetterlinge erfolgt. Früher wurde der Acker-Rittersporn zu Heilzwecken verwendet. Die Pflanze ist aufgrund ihres Alkaloidgehalts schwach giftig.

Nach dem Fruchttyp teilt man die Hahnenfußgewächse in 2 Untergruppen ein: Die Arten, die sich um die Gattung *Helleborus* (Nieswurz) gruppieren, sind durch Balgfrüchte gekennzeichnet, die aus einem einzigen Fruchtblatt bestehen und nur an der Bauchnaht aufspringen (vgl. Grafik); die zweite Gruppe um die Gattung *Anemone* besitzt Nüßchen (einsamige Schließfrüchte mit harter Fruchtwand; vgl. Grafik S. 18 und 22). Die vorliegende Art gehört der ersteren Gruppe an.

Rundblättriger Sonnentau

Drosera rotundifolia

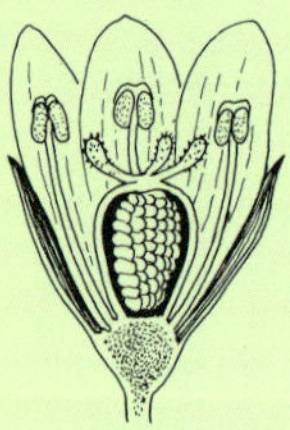

Blüte, Längsschnitt

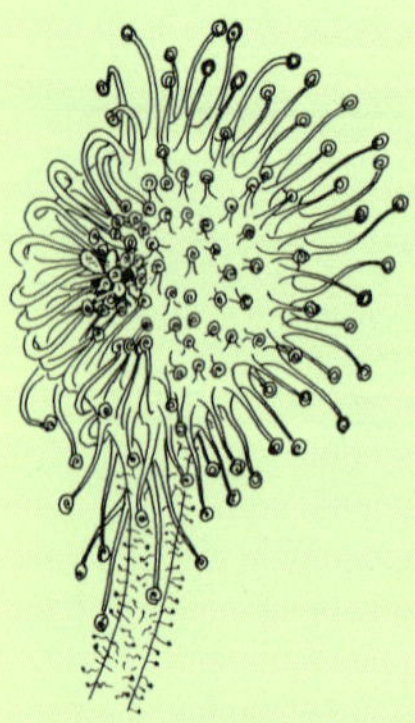

Blatt mit Tentakeln, links über Beute gekrümmt

Sonnentaugewächse
Droseraceae

Merkmale: 5–15 cm; Blütezeit VI–IX. Die 3 heimischen Sonnentau-Arten – alle sind Ernährungsspezialisten – lassen sich leicht durch ihre Blattform voneinander unterscheiden. Die hier beschriebene Art ist durch kreisrunde, 5–10 mm große Blattspreiten gekennzeichnet (Name!), während die beiden anderen Vertreter länglich-eiförmige bis keilförmige Blätter besitzen (Mittlerer und Langblättriger Sonnentau, *D. intermedia* und *D. anglica*). In engem Zusammenhang mit der Ernährungsweise stehen die Drüsenhaare (Tentakel) auf der Oberseite der langgestielten Rosettenblätter (s. Grafik). Der blattlose Blütenschaft trägt wenige, 5 mm lange, weiße Blüten, die in Wickeln angeordnet sind (Grafik). Kapselfrüchte. **Standort:** Hoch-, Zwischen- und Flachmoore, Moorheiden; auf basenarmen, sauren Böden; meist mit Torfmoosen *(Sphagnum)* vergesellschaftet; bis 1500 m. **Verbreitung:** Nordisch-eurasiatisch, zirkumpolar.

Der Sonnentau gehört zu den Insectivoren (= insektenfangende Pflanzen). Da die Pflanzen auf stickstoffarmen Substraten vorkommen, benötigen sie zusätzliche organische Stickstoffquellen zur optimalen Entwicklung. Trotzdem können diese Ernährungsspezialisten wie alle anderen grünen Pflanzen völlig autotroph leben, d.h. mittels Lichtenergie aus anorganischen Grundsubstanzen organische Verbindungen aufbauen (Fotosynthese). Als besondere Einrichtung für den Fang der Insekten fallen mit Drüsenköpfchen versehene Tentakel auf. Die Drüsenzellen sondern glitzernde Tröpfchen eines nach Honig duftenden, klebrigen Sekrets ab (Name!), die der Anlockung der Insekten dienen. Die Tiere bleiben kleben, berühren durch ihre Befreiungsversuche weitere Tentakeln und haften um so fester an der »Leimrute«. Infolge des Reizes krümmen sich die Tentakel (Wachstumsbewegung!) in Richtung Blattmitte (Grafik), umschließen das Insekt und sondern verdauende Sekrete ab, die die chemische Zersetzung der Körpersubstanzen einleiten. Absorptionshaare nehmen die eiweißreiche Nahrung auf. Voraussetzung für die Funktionsfähigkeit des Fangapparates sind Reizaufnahme und Reizleitung im Tentakelbereich: Kitzelreize wirken auf die Drüsenköpfchen der Randtentakel und werden in den Drüsenhaaren sowie im Blatt selbst weitergeleitet; die Wirksamkeit von chemischen Reizen (Eiweißstoffe) kann sogar experimentell mit Fleisch- oder Käsestückchen nachgewiesen werden.

Gefährdet. Geschützt.

Diptam
Dictamnus albus

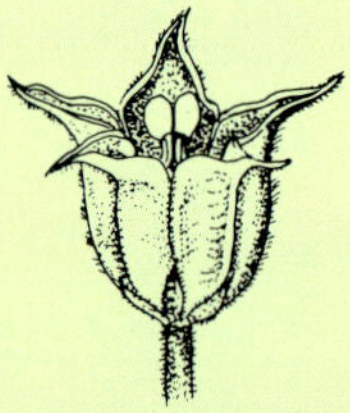

Frucht

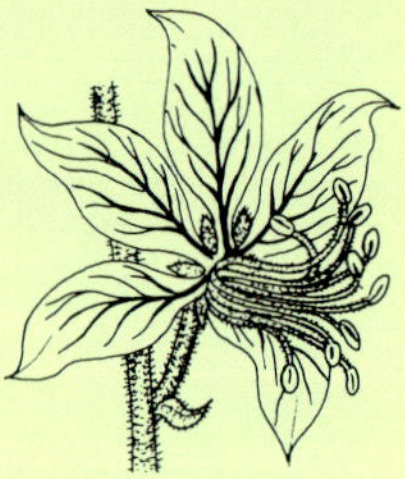

Merkmale: 50–100 cm; Blütezeit V–VI. Auffällige Pflanze mit 5-zähligen, weißrötlichen, purpurn geaderten Blüten, die eine eiförmige Traube bilden. Die 20–25 mm langen Kronblätter sind ungleich: Während die 4 oberen mehr oder weniger aufrecht stehen, ist das untere zurückgebogen, so daß eine deutliche Dorsiventralität (nur eine Symmetrieebene) zu beobachten ist (vgl. Grafik). Die Blütenstiele sind drüsig; die purpurnen Staubfäden ragen weit aus der Blüte heraus. Aus dem Fruchtknoten entwickelt sich eine Kapselfrucht (Grafik). Blätter einfach unpaarig gefiedert, mit 7–9 am Rand fein gesägten Fiederblättchen. **Standort:** Trokkenhänge, felsige, lichte Gebüsche; Steppenheiden; ausschließlich auf Kalk! **Verbreitung:** Eurasiatisch mit kontinentaler Tendenz; vor allem in Mittel- und Südeuropa!

Die bereits sehr selten gewordene Pflanze ist äußerst wärmeliebend und bevorzugt halbschattige Standorte. Bei trockenwarmer Witterung können größere Diptambestände geradezu durch den intensiven Duft ermittelt werden, der blühenden Pflanzen entströmt. Auch beim Zerreiben duftet die Pflanze stark zitronenartig. Beide Erscheinungen sind auf den hohen Gehalt an ätherischen Ölen zurückzuführen. An heißen Tagen ist die Absonderung dieser Substanzen so stark, daß sie (bei Windstille) über der Pflanze entzündet werden können (»Brennender Busch«).

Durchscheinende Punkte im Blatt- und Blütenbereich deuten bereits für das unbewaffnete Auge die Stellen an, wo die ätherischen Öle produziert, gespeichert und abgesondert werden: Es handelt sich um sogenannte lysigene Sekretbehälter, die entstehen, indem in benachbarten sekrethaltigen Zellen die Zellwände aufgelöst werden. Entsprechende Verhältnisse finden sich bei den meisten anderen Arten und Gattungen der Rautengewächse (z.B. *Ruta* und *Citrus*); bei den Citrusfrüchten finden sich derartige Sekretbehälter sogar in der Fruchtschale!

Der ausströmende Duft steht in unmittelbarem Zusammenhang mit der Insektenbestäubung der Pflanze. Die Früchte werden durch einen Schleudermechanismus verbreitet, der auf hygroskopischen Bewegungen beruht.

Gefährdet. Geschützt.

Gewöhnlicher Seidelbast

Daphne mezereum

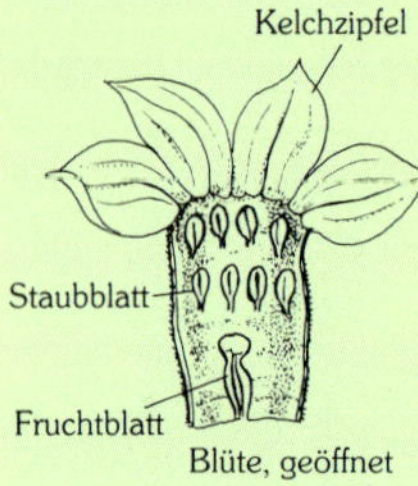

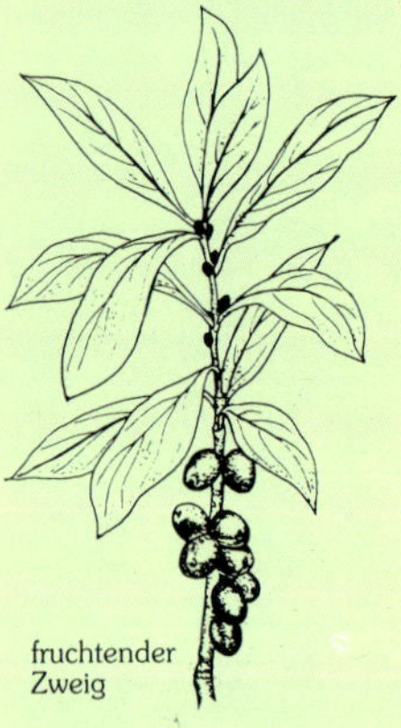

Merkmale: 40–125 cm; Blütezeit II–V. Der Seidelbast gehört zu den ersten Frühjahrsblühern. Lange Zeit vor den Blättern erscheinen an den holzigen Zweigen die stark duftenden, purpurroten Blüten. Bei genauerer Betrachtung zeigt sich, daß die vermeintlichen Blüten allein von den gefärbten zylindrischen Achsenbechern bzw. Kelchröhren gebildet werden (s. Grafik); der 4-zipflige Kelch ist also blumenblattartig entwickelt und übernimmt die Anlockungsfunktion. Meist stehen diese Blüten in 3er-Gruppen seitenständig am Stengel über den Narben der vorjährigen Blätter. Nachdem die länglich-lanzettlichen, am Grund keilförmig verschmälerten Blätter (4–9 cm lang) ausgebildet sind, reifen im Sommer die erbsengroßen, scharlachroten (selten gelblichweißen) Beeren heran (s. Grafik) – die Kelchröhren fallen bereits kurz nach der Blütezeit ab. **Standort:** Krautreiche Buchen-, Eichen-Hainbuchenwälder oder Nadelmischwälder, nährstoffreiche, kalkhaltige Mullböden; bis in Höhen von 2000 m. **Verbreitung:** Eurasiatisch, insbesondere in kontinentalen Bereichen.
Wie viele andere Frühjahrsblüher nützt der Seidelbast die günstige Lichtperiode vor dem Laubaustrieb in den Wäldern. Die Blüten werden durch Insekten (insbesondere Falter und Hautflügler) bestäubt, die leuchtend roten Früchte von Vögeln verbreitet. Sie sind – wie Blätter und Rinde – für den Menschen giftig und wirken brecherregend.
Geschützt.

Heideröschen

Daphne cneorum

Merkmale: 5–30 cm; Blütezeit IV–VI. Der Zwergstrauch trägt endständig an beblätterten Trieben die leuchtend rosaroten Blüten meist zu 6–12 in einem doldigen Blütenstand; Deckblätter und Blütenachse sind flaumig behaart. Auffallend ist die gleichmäßige Anordnung der linealisch bis spatelig-keilförmigen, immergrünen Blätter. **Standort:** Waldränder; warme, lichte, trockene Kalksteinböden, fast immer mit Kiefern vergesellschaftet; auch auf Schafweiden, Heiden und Felsbändern; bis in 1300 m Höhe. **Verbreitung:** Vor allem in Mittel- und Südeuropa.
Die äußerst seltene Pflanze wird von Insekten bestäubt, Selbstbestäubung führt jedoch ebenfalls zum Samenansatz. Die zuletzt braunen Früchte werden von Ameisen und Vögeln verbreitet. Wie der Gewöhnliche Seidelbast enthält auch diese Art das scharf schmeckende Gift Mezerin.
Gefährdet. Geschützt.

Einblütiges Wintergrün

Moneses uniflora

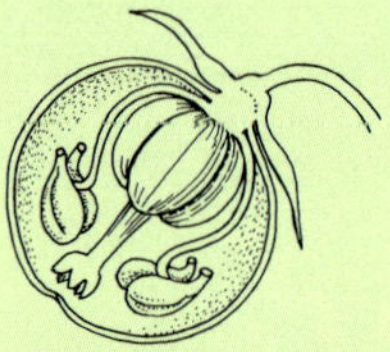

Blüte noch geschlossen, Längsschnitt

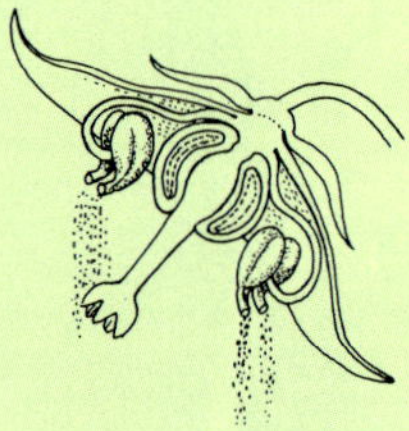

Blüte stäubend, Längsschnitt

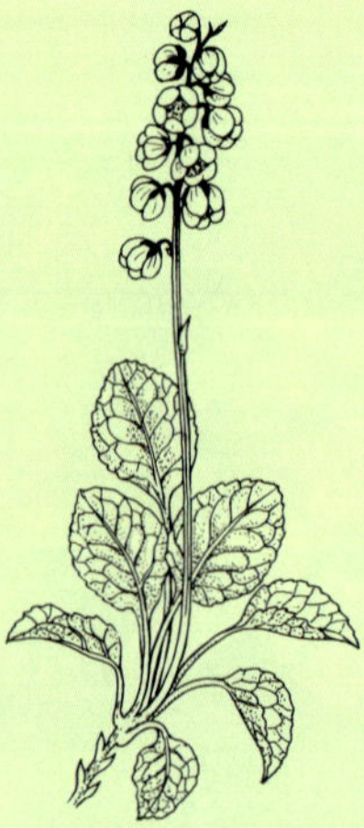

Kleines Wintergrün

Merkmale: 3–10 (selten bis 20) cm; Blütezeit V–VII. Die lang gestielten, weißen Einzelblüten erreichen einen Durchmesser von 12–25 mm, die Blütenkrone ist tellerförmig ausgebreitet, etwas nickend und duftet intensiv. Ein gerader Griffel mit großer 5-lappiger Narbe und Staubgefäße mit je 2 langen Hörnern kennzeichnen die generativen Blütenorgane (s. Grafik). Die hellgelben Kelchblätter sind am Rand gewimpert. Bezeichnend sind die ledrigen, immergrünen, rundlichen, netznervigen Rosettenblätter (10–15 mm Durchmesser), die sich am Grund keilförmig in den ebensolangen Blattstiel verschmälern. **Standort:** Meist in Nadelwäldern (Fichte, Kiefer), seltener in Laubwäldern oder Erlenbrüchen; auf moosigen, humosen Böden. Vielfach vergesellschaftet mit dem Etagenmoos *(Hylocomium splendens).* Bis in Höhenlagen von 1600 m. **Verbreitung:** Nahezu ganz Europa mit Ausnahme der westlichsten und südöstlichsten Gebiete. Schwerpunkt im Norden Eurasiens; östlich bis Japan, außerdem in Nordamerika (zirkumpolare Verbreitung!).

Bereits aus den Standortangaben wird deutlich, daß es sich beim Einblütigen Wintergrün um eine Schattenpflanze handelt. Weitere Besonderheiten sind die auftretenden Wurzelsprosse, die Überwinterung in Form von Adventivknospen und die Symbiose zwischen den Wurzeln und höheren Pilzen (Mykorrhiza). Alte Heilpflanze.

Abschließend seien einige andere bei uns heimische Arten der Wintergrüngewächse aufgeführt: Das **Nikkende Wintergrün** *(Pyrola secunda)* ist der einzige Halbstrauch mit schopfig gehäuften Blättern (gemäß den Jahrestrieben); bei allen anderen Arten handelt es sich um Stauden, die sich durch die Griffellänge, die Blütenfarbe und die Öffnung der Krone unterscheiden. So ragt nur beim **Kleinen Wintergrün** (*P. minor;* s. Grafik) der Griffel nicht aus der Blüte heraus, beim **Mittleren Wintergrün** *(P. media)* sind die Kronblätter deutlich zusammenneigend; schließlich sind das **Grünblütige Wintergrün** *(P. chlorantha)* mit 2–8 Blüten und das reinweiß blühende **Rundblättrige Wintergrün** *(P. rotundifolia)* mit 10–30 Blüten recht einfach zu erkennen.

Pfingst-Nelke

Dianthus gratiano-politanus

Merkmale: 6–30 cm; Blütezeit V–VII. Die mehrjährige Pflanze tritt in Polstern oder zumindest dichtrasig auf. Der im allgemeinen 1-blütige Stengel trägt eine 15–30 mm große, rosa- bis hellrote Blüte, deren gezähnte Blütenkronblätter am Schlund bärtig sind. Wichtig für die Bestimmung sind außerdem die 4–6 schuppenartigen, kurz zugespitzten Außenkelchblätter; ihre Länge schwankt zwischen einem Viertel und einem Drittel der Kelchröhrenlänge (vgl. Grafik). Blätter kahl, blaugrün, linealisch; Stengel aufsteigend oder aufrecht, reich verzweigt. **Standort:** Steppenheiden, Hügel, felsige Trockenrasen, Felsbänder, Kiefernwälder. **Verbreitung:** Mitteleuropa. Aufgrund des ausschließlichen und begrenzten Vorkommens bei uns kann man nahezu von einer endemisch-mitteleuropäischen Verbreitung sprechen!

Die sehr seltene Pflanze ist wärmeliebend. Im Aussehen und Bau der Blüte lassen sich alle wichtigen Merkmale einer charakteristischen Tagfalterblume beobachten: der Stiel-Teller-Typus mit engem Röhrenbau und aufrechter Stellung sowie der bis zu 40 mm tief liegende Nektar (Anpassung an die Rüssellänge der Tagfalter); dazu kommen der wohlriechende Duft und die rote Blütenfarbe, die auf die Insekten als Signale wirken.

Auch die anderen bei uns vorkommenden Nelken-Arten sind meist schon sehr selten und geschützt: Bei der **Büschel-Nelke** *(D. armeria)* stehen die Blüten in kopfigen Büscheln, Stengel und Blätter sind behaart; die **Karthäuser-Nelke** *(D. carthusianorum)* trägt blutrote Blüten, ebenfalls büschelig gehäuft (s. Grafik), Stengel kahl. Bei allen anderen Arten stehen die Blüten einzeln oder zu 2–3, ihre Stiele sind relativ lang. Wie bei der beschriebenen Art sind die Kronblätter auch bei der **Busch-Nelke** *(D. seguieri)*, der **Heide-Nelke** (*D. deltoides;* s. Grafik) und der **Stein-Nelke** *(D. sylvestris)* gezähnt. Erstere und letztere besitzen kahle Stengel, bei der Heide-Nelke ist der Stengel weichhaarig. Die Stein-Nelke zeichnet sich durch nicht gebärtete Kronblätter aus. Die beiden verbleibenden Arten – **Sand-Nelke** *(D. arenarius)* und **Pracht-Nelke** *(D. superbus)* – haben fiederspaltige Kronblätter von weißer bzw. lilarötlicher Färbung.

Gefährdet. Geschützt.

Pfingst-Nelke

Heide-Nelke

Karthäuser-Nelke

Kornrade

Agrostemma githago

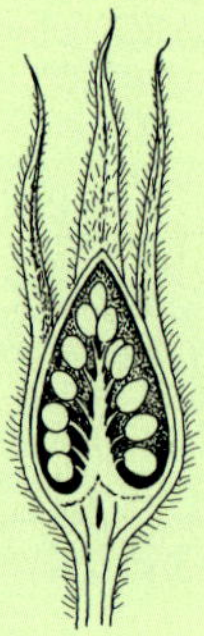

Kapselfrucht, Längsschnitt

Merkmale: 30–100 cm; Blütezeit VI–VIII. Die Blüten zeichnen sich durch 30–50 mm lange, schmale Kelchzipfel aus, die deutlich länger als die rötlich- bis trübpurpurnen, gestreiften Blütenkronblätter sind; die Kelchröhre ist 10-rippig. Die Pflanzen bilden endständige, lang gestielte, einzelne Blüten aus, die einen Durchmesser von 30–50 mm erreichen. Als Fruchttyp findet sich eine mit 5 Zähnen aufspringende Kapsel (s. Grafik). Die gesamte Pflanze weist eine zottige Behaarung auf; insbesondere sind die spitzen, linealischen Blätter graufilzig. **Standort:** Getreideäcker und -unkrautgesellschaften (vor allem im Wintergetreide) auf sandig-lehmigen, nährstoffreichen Böden; bis in Höhenlagen von 1200 m. **Verbreitung:** Ganz Europa. Die seit der jüngeren Steinzeit bei uns verbreitete Art stammt wahrscheinlich aus dem Ostmediterrangebiet. In gemäßigten Zonen ist sie heute jedoch nahezu weltweit anzutreffen.

Ähnlich wie beim Acker-Rittersporn (S. 26) ist auch bei dieser Ackerpflanze ein allmähliches Zurückgehen bzw. Verschwinden in vielen Gebieten festzustellen. Offensichtlich wirken sich die modernen Kultivierungsverfahren, insbesondere die Verwendung von Kunstdüngemitteln auf die ehemals sehr artenreiche Ackerbegleitflora stark dezimierend aus, so daß bestimmte Arten, die früher weit verbreitete »Unkräuter« waren, heutzutage als ausgesprochene Seltenheiten gelten. Die Kornrade ist eines der typischen Beispiele dafür! Dazu kommt gerade bei dieser Art noch ein weiterer Faktor: Früher wurde ein großer Teil der Samen mit dem Saatgut weiterverbreitet; durch die modernen Saatgutreinigungsverfahren entfällt diese Möglichkeit. Die Kornrade wird von Tagfaltern und Bienen bestäubt. Die Samen der Pflanze sind aufgrund ihres Saponingehaltes giftig!
Vom Aussterben bedroht.

Fieberklee

Menyanthes trifoliata

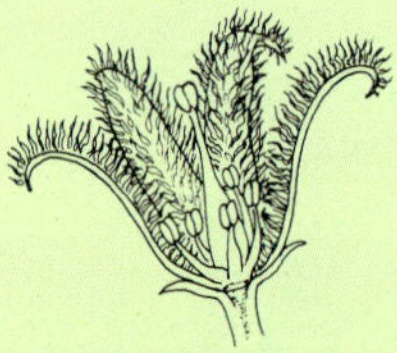

Blüte, geöffnet

Merkmale: 10–30 cm; Blütezeit IV–VI. Die mehrjährige Sumpf- bzw. Flachwasserpflanze bildet meist weiße, selten rosafarbene Blüten aus, die in aufrechten, pyramidenartigen Trauben angeordnet sind. Kennzeichnend sind die langen, weißen Haare auf der Oberfläche der zurückgerollten Kronblattzipfel und deren deutliche Bewimperung am Rand (s. Grafik). Der Blütenschaft selbst ist blattlos; er entspringt wie die lang gestielten, am Grund scheidigen Blätter einer verzweigten, kriechenden Grundachse. Die großen, kleeartigen, 3-zähligen Blätter (s. Grafik) sind sowohl in den wissenschaftlichen als auch in den deutschen Namen eingegangen. Ihre 4–7 cm langen, verkehrt-eiförmigen Fiederblättchen sind nahezu sitzend und ausgeschweift gekerbt. Die Samen entwickeln sich in einer Kapselfrucht. **Standort:** Gräben, Sümpfe, Moore; Verlandungsbereiche von stehenden Kleingewässern wie Teichen, Weihern, Hülben oder Tümpeln; besonders auf zeitweise überschwemmten, kalkarmen Schlammböden. Im Gebirge bis in Höhen von etwa 1800 m. **Verbreitung:** Arktisch-nordisch; zirkumpolar. In ganz Europa, jedoch vorzugsweise in nördlichen und mittleren Breiten; in Nordamerika sowie in Mittel- und Nordasien.

Der Fieberklee ist eine typische Pflanze der Verlandungszonen von dystrophen (d.h. nährstoffarmen, humusreichen) Süßgewässern. Man findet ihn vergesellschaftet mit bestimmten Torfmoos-Arten *(Sphagnum)*, mit diversen Kleinseggen *(Carex)*, oft auch zusammen mit dem Sumpf-Blutauge *(Comarum)*. Die Blüten dieser ausgesprochenen Lichtpflanze werden insbesondere von Hummeln bestäubt. Die Ausbildung von Schwimmfrüchten unterstreicht die Anpassung an das Wasserleben (Wasserverbreitung, Hydrochorie). Der Fieberklee ist durch seine Heilwirkung bekannt (Name!) und aufgrund der in den Blättern besonders angereicherten Bitterstoffe wurde die Pflanze früher sogar als Hopfenersatz verwendet.

Gefährdet. Geschützt.

Frühlings-Enzian
Gentiana verna

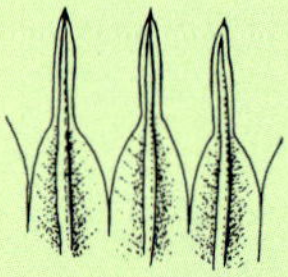

Kelchzähne

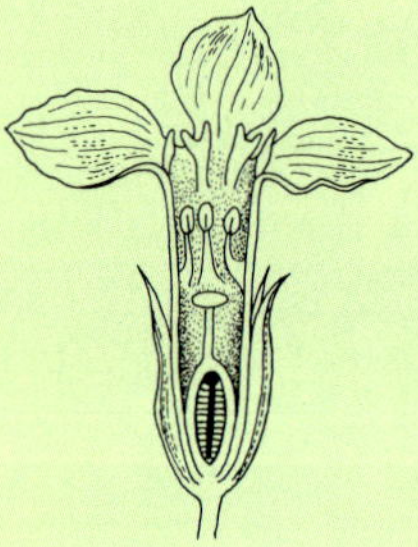

Blüte, Längsschnitt

Merkmale: 3–15 cm; Blütezeit III–VI. Die Pflanze fällt im Frühjahr durch ihre leuchtend azurblauen »Stiel-Teller-Blüten« auf. Die 5-blättrige Krone der meist einzelnen, endständigen Blüten erreicht einen Durchmesser von 30 mm; zwischen den Zipfeln der Kronblätter finden sich zwei 2-zähnige Anhängsel (vgl. Grafik; Bestimmungsmerkmal!). Der röhrige Kelch besitzt schmal geflügelte Kanten (Grafik). Untere Blätter deutlich größer als die oberen (Form elliptisch bis lanzettlich); die untersten Blätter der Blütenstengel – sie sind oft 3-mal so lang wie breit – bilden eine Rosette. Kapselfrucht. **Standort:** Kalkmagerrasen, Schafweiden, Heidewiesen, Matten; auch Flachmoore; bevorzugt steinige, kalkhaltige Ton- und Lehmböden; in Mittelgebirgen und höheren Gebirgslagen bis in Höhen von 2600 m. **Verbreitung:** Nahezu ganz Europa, außer den nördlichen und peripheren westlichen Gebieten; vor allem im südlichen Mitteleuropa, von den Pyrenäen über Jura, Alpen, Karpaten bis zum Kaukasus, und jeweils in den vorgelagerten Mittelgebirgen.

Die Blütenform (Stiel-Teller-Blüte) und die leuchtend blaue Färbung deuten darauf hin, daß der Frühlings-Enzian zu den Tagfalterblumen gehört. Doch sind auch längerrüsselige Hautflügler, vor allem Hummeln, an der Bestäubung maßgeblich beteiligt. Die Verbreitung der Samen erfolgt im wesentlichen durch Ameisen. Auch diese Art ist mehr und mehr im Rückgang begriffen. Verantwortlich dafür sind die hohe Empfindlichkeit gegenüber Wiesendüngung und der Mangel an geeigneten, nicht vom Menschen beeinflußten »Ausweichstandorten«.

Gefährdet. Geschützt.

Lungen-Enzian
Gentiana pneumonanthe

Merkmale: 15–50 cm; Blütezeit VII–IX. Blätter linealisch oder lineal-lanzettlich, meist 1-nervig (selten 5-nervig), stumpflich, am Rande etwas umgerollt. Blüten in den oberen Blattachseln oder zu 1–2 endständig, aufgerichtet; Krone trichterförmig-glockig, dunkelazurblau, mit 5 grünen Streifen. Kelch etwa so lang wie die Kronröhre. **Standort:** Wechselfeuchte, meist kalkfreie Moorwiesen, Feuchtheiden, Flachmoore, Magerrasen; bis 1000 m. **Verbreitung:** Große Teile Europas; in vielen Gebieten Südeuropas fehlend; Westasien.

Auch hier bestäuben vor allem Hummeln die vormännlichen Blüten. Die Pflanze enthält Bitterstoffe und wurde daher früher als Heilpflanze genutzt (Name!).

Gefährdet. Geschützt.

Gefranster Enzian

Gentianella ciliata

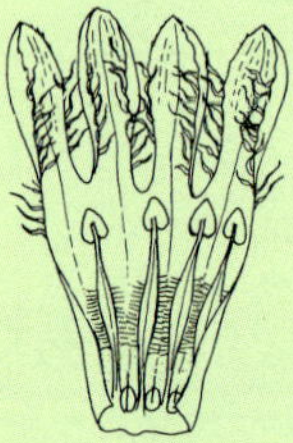

Blüte, geöffnet

Kelch

Merkmale: 8–25 cm; Blütezeit VIII–X. Blüten meist einzeln, leuchtend blau, 3–5 cm lang, in den Achseln der obersten Blätter. Stengel aufrecht-aufsteigend, meist einfach und nur sehr selten etwas verzweigt. Die Blütenkrone zeigt eine tiefe Aufspaltung in 4 ausgebreitete Kronzipfel, deren Rand deutlich gewimpert (»gefranst«) ist (s. Grafik). Kelchzipfel lineal-lanzettlich, lang zugespitzt (s. Grafik). Die 1–3 einnervigen Stengelblätter sind zugespitzt und von lineal-lanzettlicher Gestalt; eine Blattrosette fehlt. Als Fruchttyp liegt eine lang gestielte Kapsel vor. **Standort:** Trockenwiesen, Heiden, Schafweiden; Raine, Hänge, Waldränder, selten auch lichte Wälder. Die Art bevorzugt kalkreiche, trockene, steinige Lehmböden und tritt im alpinen Bereich bis in Höhen von 2300 m auf. **Verbreitung:** Vor allem in Mittel- und Südeuropa; im Südosten erstreckt sich das Areal über Vorderasien bis zum Kaukasus.

Die lichtblütige Pflanze wird von Insekten, vor allem von Hummeln bestäubt. Die Gattung *Gentianella* läßt sich relativ leicht von der Gattung *Gentiana* abtrennen. Als Unterscheidungsmerkmale dienen im wesentlichen die Kronblätter, die bei *Gentianella* stets bärtig oder gefranst sind, und die Nektarien am Grund der Blütenkrone, die bei *Gentiana* fehlen, bei *Gentianella* aber in Ein- bis Zweizahl vorhanden sind.

Gefährdet. Geschützt.

Deutscher Enzian

Gentianella germanica

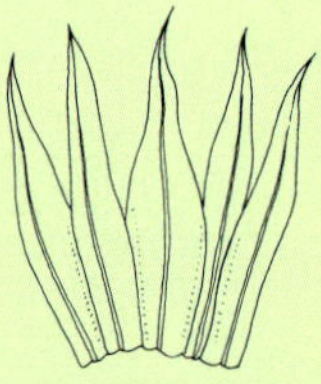

Deutscher Enzian

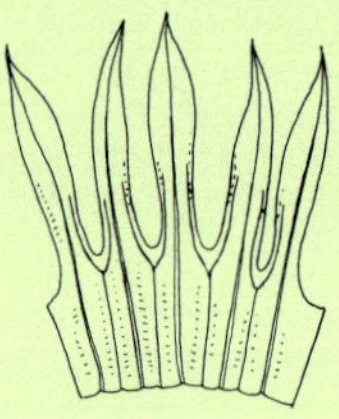

Österreichischer Enzian

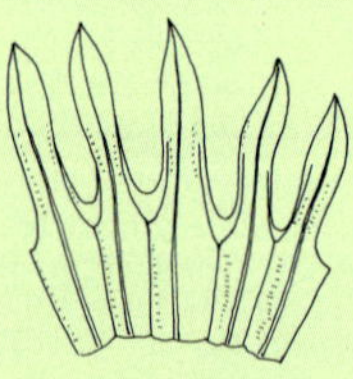

Karpaten-Enzian

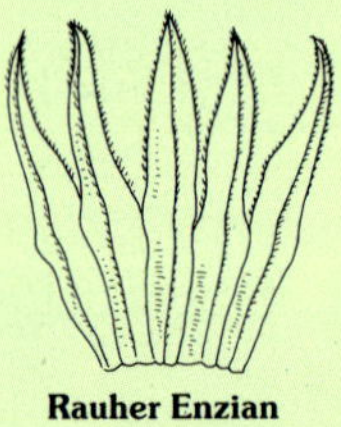

Rauher Enzian

Merkmale: 5–30 cm; Blütezeit VIII–X. Pflanze zweijährig, oben meist mit zahlreichen, kurzen, aufrechten Ästen, an denen sich die rötlichvioletten Blüten entwickeln. Die etwa 25–35 mm lange und bis 10 mm breite Kronröhre kann die 2-fache Länge des Kelches erreichen. Letzterer weist 5 nahezu gleiche Zipfel auf, deren Ränder durch Papillen rauh erscheinen (Grafik). Die 5 Kronzipfel sind nicht gefranst, dagegen ist der Schlund der Krone deutlich bärtig (wichtigstes Merkmal für die Zuordnung zur Gattung *Gentianella;* s. S. 44). Fruchtknoten gestielt. Die verkehrt-eiförmigen, spateligen, grundständigen Blätter gehen mit zunehmender Ansatzhöhe am Stengel in spitze, eiförmig-lanzettliche Stengelblätter über. **Standort:** Waldränder, Schafweiden, Heideflächen; vorzugsweise in Magerrasen der collinen (Hügelzone) bis montanen Region auf kalkreichen Böden; bis in Höhen von 1600 m. **Verbreitung:** Mitteleuropa mit westlichen und südlichen Randgebieten; insbesondere im Bereich der Mittelgebirge und der Alpen.

Gelegentlich trifft man auch schon vor der oben angegebenen Blütezeit, nämlich V–VII, auf blühende Exemplare. Es handelt sich dann um die Sommerform, die wie die später blühende Herbstform meist als eigene Unterart geführt wird. Beide unterscheiden sich außerdem in Anzahl und Länge der Internodien (Zwischenräume zwischen den Knoten) am Stengel, sowie in der Blattform. Die Sommerform ist durch eine geringe Internodienzahl und stumpfe Stengelblätter gekennzeichnet, die Herbstform durch spitze Blätter und zahlreiche Internodien.

Beim **Österreichischen Enzian** *(G. austriaca)* und **Karpaten-Enzian** *(G. praecox)* sind die Buchten zwischen den am Rand glatten Kelchzähnen abgerundet; beide unterscheiden sich durch die Länge der Kelchzähne im Verhältnis zur Kelchröhre (vgl. Grafiken). Der **Rauhe Enzian** *(G. aspera)* besitzt am Rand bewimperte Kelchzähne.

Der nah verwandte **Feld-Enzian** *(G. campestris)* unterscheidet sich von den bereits beschriebenen Arten durch 4 hellviolette Kronzipfel, eine kürzere Kronröhre (15–25 mm lang) und vor allem aufgrund der sehr ungleichen Kelchzähne. Die Enzian-Arten sind für die gebirgigen Regionen der Nordhemisphäre charakteristisch. Die Bestäubung besorgen stets Insekten.

Gefährdet. Geschützt.

Großblütiger Fingerhut

Digitalis grandiflora

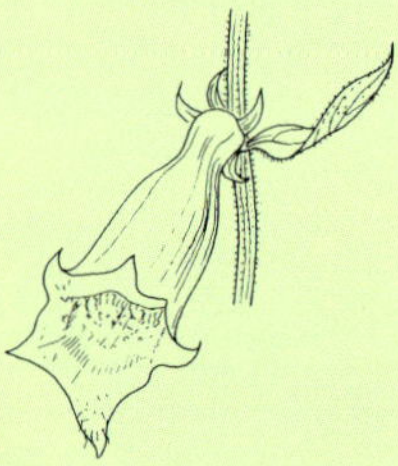

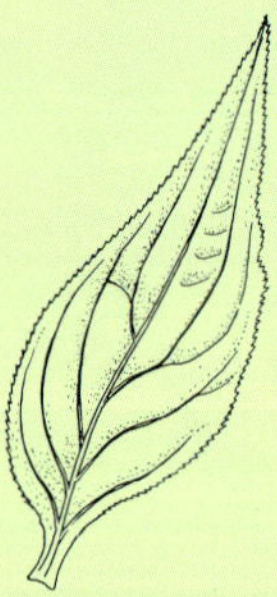

Merkmale: 40–110 cm; Blütezeit VI–IX. Im Habitus ähnlich wie der Rote Fingerhut (vgl. »Heimische Pflanzen 1«, S. 84), läßt sich der Großblütige Fingerhut jedoch sehr leicht durch die schwefel- bis ockergelbe Färbung der 30–40 mm langen, bauchigen Blüten von jenem unterscheiden. In den meisten Fällen zeigen die Blütenkronen innen eine braune Fleckung bzw. Aderung. Die drüsenhaarigen, lanzettlichen Kelchzipfel sind an ihrer Spitze zurückgeschlagen (vgl. Grafik), der gesamte Blütenstand ist dichtdrüsig behaart. Die länglich-lanzettlichen, feingesägten Blätter (Grafik) unterscheiden sich von denen des Roten Fingerhutes in der Art der Behaarung: die Unterseite ist kurz weichhaarig, die Oberseite kahl. Die Deckblätter sind zudem bei der vorliegenden Art fast doppelt so lang wie die Blütenstiele. **Standort:** Waldlichtungen, Kahlschläge, Böschungen, Steinhalden. Bevorzugt Laub(misch)wälder und kalkreiche, steinige Lehmböden; bis in Höhenlagen von 1600 m. **Verbreitung:** Gemäßigt-kontinental; vom westlichen Mitteleuropa bis Mittel- und Südrußland. Fehlt im Norden und im westlichen Teil Europas.

Auch bei dieser Art handelt es sich um eine lichtliebende Pflanze, die zudem einen größeren Wärmebedarf hat als der Rote Fingerhut. Neben Insektenbestäubung (Hummeln) kommt auch Selbstbestäubung vor. Die Pflanzen enthalten ebenfalls giftige Glykoside. Während die rote Blütenfarbe bei *Digitalis purpurea* durch den Gehalt von Anthocyanen bedingt ist, sind bei der hier vorliegenden Art Anthoxanthine für die Färbung verantwortlich.

Noch seltener und gleichfalls geschützt ist der **Gelbe Fingerhut** *(D. lutea)*, dessen Stengel und Blätter nahezu kahl sind und der sich außerdem durch die kleineren (20–25 mm langen) gelben Blüten von den beiden großblütigen Arten unterscheidet.

Geschützt.

Ähriger Ehrenpreis

Veronica spicata

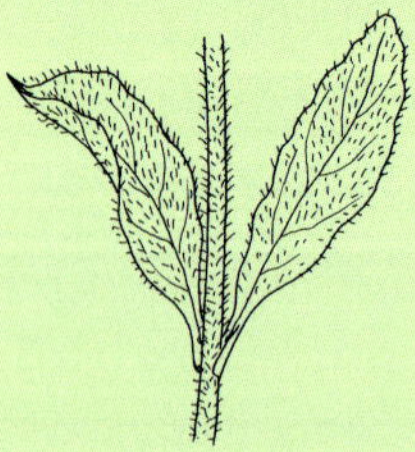

Merkmale: 15–45 cm; Blütezeit VI–IX. Blüten himmelblau, in langen, zylindrischen, dichten Trauben (Grafik). Blüten 5 mm im Durchmesser, Staubblätter weit aus der 4 mm langen Kronröhre herausragend. Blütenstiele kürzer als Kelch und Tragblätter. Blätter meist stumpf; mittlere Stengelblätter (Grafik) gegenständig, gekerbt bis grob gezähnt, nach oben hin verschwindet die Zähnung (bis ganzrandig!) und die Blattstellung wird wechselständig. Fruchtkapsel rundlich, stumpf, drüsenhaarig. Pflanze sehr variabel. **Standort:** Trocken- und Felsrasen, Trockengebüschsäume, buschige Hänge; Dünen; kalkmeidend. **Verbreitung:** Fast ganz Europa, im Westen seltener; Westasien.

Die Art ist ausgesprochen sommerwärmeliebend. Die Bestäubung der Blüten erfolgt durch Insekten.

Gefährdet. Geschützt.

Braunwurzgewächse
Scrophulariaceae

Gewöhnliches Fettkraut

Pinguicula vulgaris

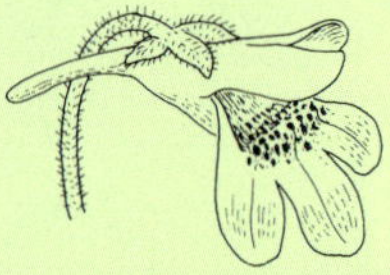

Merkmale: 5–15 (20) cm; Blütezeit V–VIII. Blätter in grundständiger Rosette, verkehrt-eiförmig bis elliptisch, klebrig-drüsig, hellgrün, ungeteilt, am Rand nach oben umgerollt. Blüten einzeln, grundständig, lang gestielt, 16–22 mm lang (mit Sporn). Krone violett, 2-lippig, mit offenem Schlund und schlankem, pfriemlichem Sporn (s. Grafik); Schlundfleck weiß. **Standort:** Sickerrasen, Rieselfluren, Quell- und Flachmoore; vor allem im Gebirge; bis 1900 m (in der Ebene vielerorts ausgestorben!). **Verbreitung:** Arktisch, zirkumpolar; Nord-, West- und Mitteleuropa; östlich bis zur Westukraine.

Insektenfressende Pflanze: Kleine Insekten bleiben an den klebrigen Drüsenköpfchen der Haare auf der Blattoberseite haften. Lösliche Substanzen werden von Sekreten chemisch aufgeschlossen und resorbiert.

Gefährdet. Geschützt.

Gewöhnlicher Wasserschlauch

Utricularia vulgaris

Wasserblatt mit Fangblasen

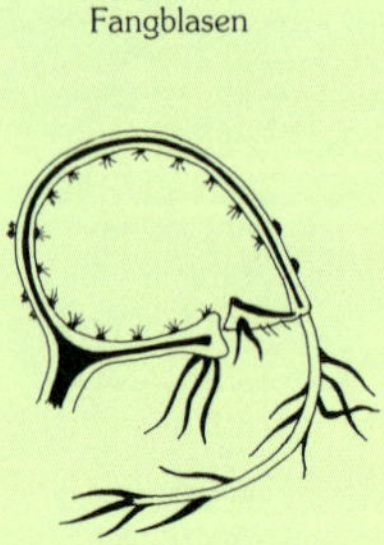

Fangblase (»Schlauch«), Längsschnitt

Merkmale: 15–35 cm; Blütezeit VI–VIII. Untergetaucht lebende Wasserpflanze. Blätter mit 20–200 »Schläuchen« (ca. 4,5 mm lang) an haarfeinen, wimperig gezähnten Blattzipfeln (s. Grafik). Blüten goldgelb, zu 3–15 in Trauben, 13–20 mm lang. Blütenstiel etwa 2- bis 3-mal so lang wie das bis zu 15 mm lange Deckblatt, nach der Blütezeit kaum verlängert. Gaumen der Blütenkrone niedergedrückt, länger als hoch; Oberlippe dem Gaumen anliegend, mit der Unterlippe einen mehr oder weniger spitzen Winkel bildend; gaumenfreier Saum der Unterlippe sattelförmig. Sporn 6–10 mm lang, walzlich-spitz. Fruchtstiele herabgebogen. **Standort:** Mesotrophe bis eutrophe Tümpel, Teiche, Gräben von 30–70 cm Tiefe; vor allem über kalkarmen Böden. **Verbreitung:** Zirkumpolar.

Als fleischfressende Pflanze erschließt sich die Art zusätzliche Nahrungsquellen. Die »Schläuche« oder Blasen (vgl. Grafik) sind umgewandelte Blattzipfel, die als mit Wasser gefüllte Tierfallen fungieren. Jede Blase hat eine Art Mundöffnung mit einer nur nach innen sich öffnenden Klappe, die die Blase ventilartig wasserdicht verschließt. Kommen kleine Wassertiere mit bestimmten Borsten, die als Hebel wirken, in Berührung, öffnet sich die Klappe und die Tiere werden mit dem Wasserstrom in die Blase gesaugt; die Klappe springt in die Ausgangsstellung zurück und verschließt die Falle, so daß ein Entkommen unmöglich ist. Innere Haare scheiden ein Sekret aus, das die »Opfer« auflöst; die verdaulichen Stoffe werden aus dem Blaseninneren resorbiert.

Gefährdet.

Immenblatt

Melittis melissophyllum

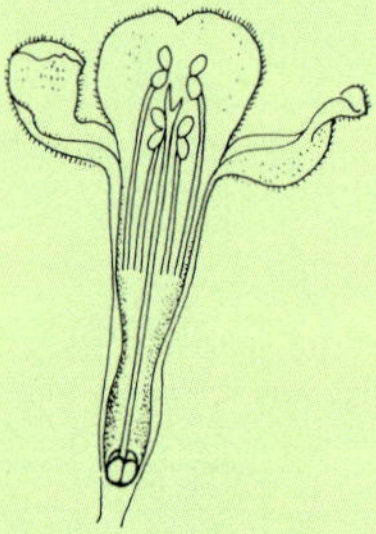

Blütenkrone, Längsschnitt

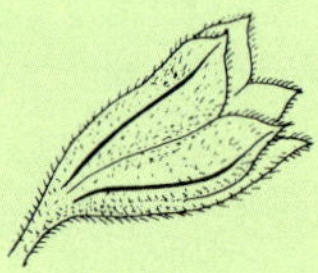

Kelch

Merkmale: 20–50 cm; Blütezeit V–VII. Das Immenblatt ist einer der seltensten und durch die großen Blüten gleichzeitig auffallendsten Lippenblütler. Die mehrjährige Pflanze trägt 20–45 mm lange, rosa oder weiße, rotgefleckte Blüten, die zu 2–6, mehr oder weniger einseitswendig, in den Achseln laubartiger Hochblätter stehen. Neben den trichterförmig geöffneten Blütenkronen mit breiten, abstehenden Lappen fällt der große, häutige, 2-lippige Kelch in seiner glockigen Gestalt mit 4–5 stumpfen Zipfeln auf (s. Grafik), aus dem die Kronröhre weit hervorragt. Die grob gekerbten Stengelblätter sind eiförmig, am Grund abgerundet, gestielt und haben eine Länge von 5–8 cm. Blattstiele, Blätter und Stengel weisen in der Regel eine dichte, weiche Behaarung auf. Als Fruchttyp werden die für die gesamte Familie typischen Bruchfrüchte (»Klausen«) gebildet. **Standort:** Gebüsche, Waldränder, lichte Laub- und Nadelwälder; im allgemeinen auf kalkreichen Böden. **Verbreitung:** Mitteleuropa, westliches Osteuropa und nördlicher Teil Südeuropas.

Das Immenblatt ist eine wärmeliebende Halbschattenpflanze. Die Blütenform zeigt die Anpassung an die Insektenbestäubung, die auch im Namen angedeutet ist. Die Samen der Pflanze keimen nur bei Dunkelheit.

Silberdistel

Carlina acaulis

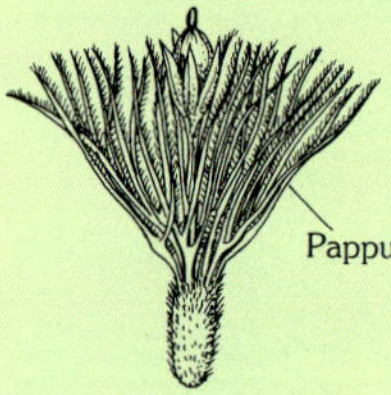

Einzelblüte

Merkmale: 3–30 cm; Blütezeit VII–IX. Stengel meist 1-köpfig, niederliegend oder aufsteigend; Köpfchen 4,5–10 cm breit. Innere Blütenhüllblätter silberweiß, 3–4 cm lang (Name!); nur Röhrenblüten (weißlich, bräunlichweiß oder rosa); Pappus 10–15 mm lang; doppelt so lang wie die Frucht (vgl. Grafik). Laubblätter 8–30 cm lang, rosettig gehäuft, deutlich buchtig-fiederteilig, mit dornig-stechenden Zipfeln. **Standort:** Magerrasen, submediterrane Halbtrockenrasen, Silikatmagerrasen, Böschungen, lichte Wälder; bis 2300 m, vorzugsweise auf trockenen, steinigen Böden. **Verbreitung:** Europa: Zentralfrankreich bis Weißrußland und Zentralspanien bis Nordgriechenland sind die Arealgrenzen.

Die Silberdistel gehört zu den Weidepflanzen und Weideanzeigern (Extensivweiden); die Bestäubung erfolgt durch Bienen, Hummeln und Käfer, die Fruchtverbreitung durch den Wind oder durch Vögel.

Der wissenschaftliche Name geht auf Karl den Großen zurück, der sich bereits mit Heilpflanzen beschäftigte (Heilpflanzenbuch!). Die Wurzel der Pflanze enthält ätherisches Öl, Inulin und Harz. Früher verabreichte man entsprechende Extrakte als Herzstärkungsmittel, Antirheumaticum sowie zur Verdauungsförderung. Weitere deutsche Namen sind Stengellose Eberwurz oder Wetterdistel. Letzterer ist darauf zurückzuführen, daß die silberweißen Hüllblätter hygroskopische Bewegungen durchführen: Bei feuchter Luft nehmen sie durch Quellungsvorgänge Wasser auf und bewegen sich nach innen (Schließen der »Blüten«), bei Trockenheit breiten sie sich wiederum flach nach außen aus. Leider wird die geschützte Silberdistel trotz zurückgehender Bestände immer wieder als Dauerstraußblume gepflückt. Gefährdet. Geschützt.

Schwanenblume
Butomus umbellatus

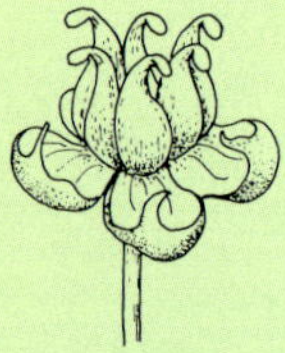

Frucht

Merkmale: 50–150 cm; Blütezeit VI–VIII. Der runde, blattlose Blütenschaft der Flachwasserpflanze trägt als Blütenstand eine einfache Scheindolde. Die rötlichweißen Blüten sind ungleich lang gestielt und bestehen aus 6 kronblattartigen Blütenhüllblättern, 9 Staubblättern und 6 Fruchtblättern (vgl. Grafik) mit zahlreichen Samenanlagen. Auf der Außenseite der Blütenhüllblätter befindet sich ein dunkler Mittelnerv. Jedes Fruchtblatt entwickelt sich zu einer Balgfrucht (vgl. Grafik). Die grundständigen, linealisch-grasartigen Blätter sind 3-kantig-rinnig, bis 10 mm breit und erreichen eine Länge von etwa 1 m. **Standort:** Gräben, Ufer; an stehenden oder langsam fließenden Gewässern mit hohem Nährstoffgehalt und schlammigem Grund. **Verbreitung:** Ganz Europa sowie in weiten Teilen Asiens (eurasiatisch).

Die recht seltene Schwanenblume zählt zu den Pionierpflanzen auf Schlammböden. Sie bildet größere Bestände im Verlandungsbereich der Uferzone, die in der Sukzessionsabfolge dem Schilfgürtel etwa entsprechen. Die fleischigen Rhizome (kriechende Erdsprosse) der Pflanze, aus denen sich Blätter und Blütenschäfte erheben, sind eßbar. Schwanenblumen sind wärmeliebend und werden von Insekten bestäubt.

Ästige Graslilie

Anthericum ramosum

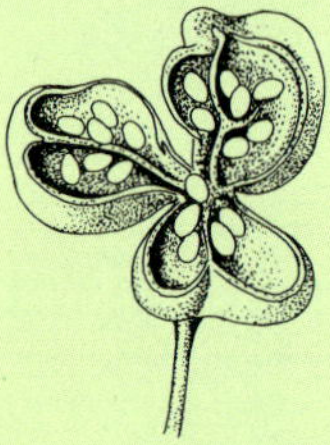

Frucht

Merkmale: 30–70 cm; Blütezeit VI–VIII. Mehrjährige Pflanze mit ripsigem Blütenstand. Die 6 weißen Blütenhüllblätter werden 10–13 mm lang; die 6 Staubblätter erreichen etwa dieselbe Länge, der gerade Griffel ist länger. Als Fruchttyp entsteht eine kugelige bis stumpf 3-kantige Kapsel (s. Grafik). Blätter 2–6 mm breit, linealisch, im allgemeinen deutlich kürzer als der Blütenstengel. **Standort:** Steppenheiden, Halbtrockenrasen; Böschungen, Waldränder, buschige Abhänge, auch lichte Wälder. Die Art bevorzugt kalkhaltige Böden; in den Alpen bis 1700 m. **Verbreitung:** In den gemäßigten Breiten Europas mit deutlicher Tendenz nach Süden bzw. nach Südosten, bis Vorderasien und Mittelrußland.

Die Art gehört zu den typischen Vertretern kontinentaler Steppen. Zusätzlich spielt der mediterrane Einfluß eine bedeutende Rolle. In Mitteleuropa bieten daher vor allem die wenigen noch vorhandenen Steppenheidelandschaften die Bedingungen, die für eine optimale Entfaltung der Art benötigt werden. Die Ästige Graslilie gehört zu den Tiefwurzlern. Die Überwinterung der zur Lebensform der Hemikryptophyten gehörenden Pflanzen erfolgt mit Hilfe von Rhizomen; viele andere Liliengewächse überwintern als Geophyten mittels Zwiebeln. Die Bestäubung der Blüten erfolgt durch Insekten, vor allem Bienen.

Zweiblättriger Blaustern
Scilla bifolia

Frucht

Merkmale: 10–20 cm; Blütezeit III–IV. Pflanze mit Zwiebel; meist nur 1 runder Blütenstengel und nur 2 Blätter (s. Grafik). Blüten zu 2–7, hellblau, selten weiß oder rosa; Perigonblätter frei, mehr oder weniger ausgebreitet. Blütenstiele aufrecht-abstehend, länger als die Blüten. Tragblätter der Blüten meist verkümmert. **Standort:** Lichte, edelholzreiche Laubwälder, Auenwälder, Gebüsche, feuchte Wiesen; Stromtalpflanze; vor allem auf kalkreichen, feuchten, humosen Böden. **Verbreitung:** Mittel- und Südeuropa. Die nördliche Verbreitungsgrenze reicht von Belgien bis zur Nordukraine.

Die Blüten werden hauptsächlich durch Insekten bestäubt; Selbstbestäubung ist jedoch ebenfalls möglich. Die Samen des Blausterns werden durch Ameisen verschleppt. Die Art gilt als Zeigerpflanze für frische Böden. Oft findet man Sie mit dem Bären-Lauch *(Allium ursinum)* und anderen Geophyten vergesellschaftet.

Geschützt.

Schachblume
Fritillaria meleagris

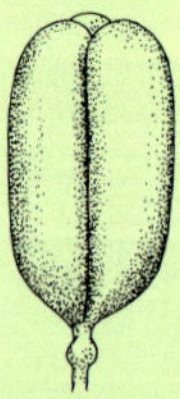

Frucht

Zwiebel

Merkmale: 15–35 cm; Blütezeit IV–V. Die äußerst selten gewordene Schachblume ist durch meist einzeln (selten zu 2–3) stehende, 3–5 cm lange, purpurrote bis bräunliche, selten weiße Blüten gekennzeichnet. Im Namen kommt die schachbrettartige Fleckung der Blütenhüllblätter (Perigon, vgl. S. 18) zum Ausdruck. Stengelblätter 4–5, wechselständig, linealisch, rinnig, graugrün; selten mehr als 5 mm breit. Auch diese Pflanze gehört zur Lebensform der Geophyten; bezeichnend dafür ist der Besitz von Zwiebeln (Grafik). **Standort:** Feuchte bis nasse Wiesen; Auenwiesen, die zeitweise überschwemmt sind; vorzugsweise auf nährstoffreichen Ton- und Lehmböden; in den Alpen fehlend. **Verbreitung:** Im größten Teil Europas mit Ausnahme der westlichsten und nördlichen Gebiete. Das Areal erstreckt sich über Südosteuropa bis in den süd- und mittelrussischen Raum.

Die Schachblume ist ein typischer Nässezeiger. Da viele Fließgewässer begradigt, zahlreiche Tal- und Sumpfwiesen trockengelegt werden und der Grundwasserstand damit gesenkt wird, entzieht man dieser Pflanzenart, die bei uns ohnehin nahezu ausgerottet ist, die letzten Lebensgrundlagen! Die Blüten der Schachblume werden im wesentlichen von Bienen bestäubt. Die ganze Pflanze enthält Giftstoffe, die besonders in den Zwiebeln angereichert sind.

Stark gefährdet. Geschützt.

Türkenbund-Lilie

Lilium martagon

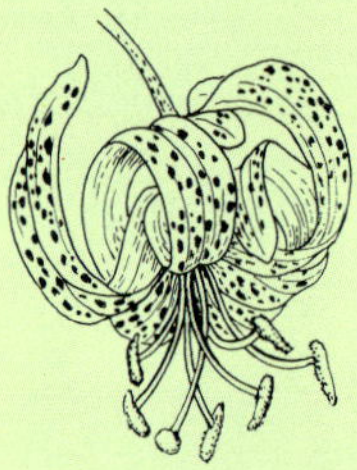

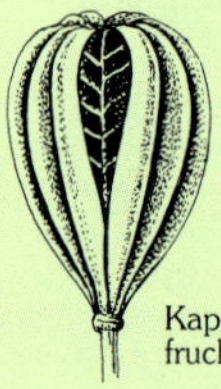

Kapsel-
frucht

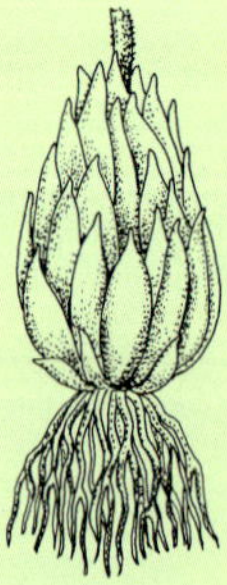

Schuppenzwiebel

Merkmale: 30–120 cm; Blütezeit VI–VIII. Kennzeichnend für die bekannte Pflanze sind die turbanartigen, fleischroten bis hell-braunroten (sehr selten weißen), dunkel gefleckten Blüten (s. Grafik). Ein Blütenstand umfaßt etwa 3–12 nickende Blüten, die in einer Traube angeordnet sind. Die Blütenhüllblätter sind stets zurückgerollt. Griffel und Narbe ragen weit aus der etwa 4 cm breiten Krone heraus. Aus dem Fruchtknoten entwickelt sich eine Kapselfrucht (s. Grafik). Ebenso typisch wie die Blüten sind die elliptisch-lanzettlichen, zumindest in der Stengelmitte zu 3–9 quirlig angeordneten Blätter. Gelbe Schuppenzwiebeln (s. Grafik) dienen als Speicherorgane der Überwinterung und der Bereitstellung von Nährstoffen für das folgende Jahr. Zwiebeln sind das Kennzeichen für die geophytische Lebensform. **Standort:** Krautreiche Laub- und Nadelwälder, Bergwälder und -wiesen, Gebüsche; Hochstaudenfluren bis in Höhenlagen von 2000 m. Die Pflanze bevorzugt nährstoffreiche und kalkhaltige Böden. **Verbreitung:** Eurasiatisch mit kontinentaler Tendenz. Nahezu im gesamten europäischen Raum bis in die südsibirische Taiga; in Skandinavien nur eingebürgert.

Aus den Standortangaben geht hervor, daß die Türkenbund-Lilie zu den Halbschattenpflanzen gehört. Die Bestäubung der Blüten erfolgt durch Insekten, wobei insbesondere Schwärmer den Hauptanteil stellen. An der Verbreitung der Samen ist der Wind maßgeblich beteiligt. Viele Pflanzen kommen überhaupt nicht zur Blüte, da bereits die Blütenknospen sowohl von Rehen als auch von einer Käferart, dem Lilienhähnchen *(Lilioceris)* verzehrt werden. Mit Hilfe von Zugwurzeln an der Zwiebel wird erreicht, daß diese immer in einer ganz bestimmten Bodentiefe verbleibt.

Geschützt.

Kleine Traubenhyazinthe
Muscari botryoides

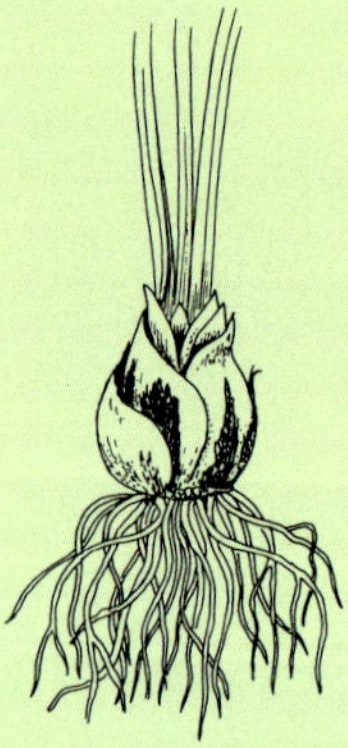

Merkmale: 10–25 cm; Blütezeit IV–V. Kegelförmige Blütentraube mit 15–20 kugelig-eiförmigen bis krugförmigen, überhängenden blauen Blüten. Davon sind die obersten, aufrecht stehenden – in der Farbe meist etwas heller – in der Regel steril. Alle Blüten sind nahezu geruchlos und weisen einen schmalen weißen Saum auf. Wichtigstes Bestimmungsmerkmal im vegetativen Bereich sind die 2–3 steif-aufrechtstehenden Blätter. Sie sind grundständig, 4–8 mm breit (nach oben hin etwas verbreitert) und ungefähr so lang wie der Blütenstengel. **Standort:** Magerrasen, Bergwiesen, auch in Eichenwäldern; Weinberge. Die Art bevorzugt trockene Hanglagen und lehmige Substrate; im Gebirge bis in Höhen von 1200 m. **Verbreitung:** Mittel- und Süd- sowie vor allem Südosteuropa; außerdem in Kleinasien. Als Verbreitungsschwerpunkt gilt das südosteuropäische Trockenwaldgebiet. Die Heimat der Kleinen Traubenhyazinthe liegt im (östlichen) Mittelmeerraum. In nördliche Regionen wurde sie nur verschleppt und stellenweise eingebürgert.

Die seltene Pflanze gilt als Licht- bis Halbschattenpflanze und als Zeiger für Lehmböden. Bereits aus dem Blütenbau kann auf eine Insektenbestäubung geschlossen werden. Wie die meisten anderen Liliengewächse gehört auch die dem mediterranen Florenelement entstammende Kleine Traubenhyazinthe zu den Geophyten (Zwiebel s. Grafik). Die Gattungen *Muscari* und *Scilla* zählen zu den typischen Frühjahrsblühern.

Abschließend sollen kurz die wichtigsten Erkennungsmerkmale der anderen bei uns vorkommenden Traubenhyazinthen-Arten aufgeführt werden: Ebenfalls gedrungene Trauben, jedoch schlaffe Laubblätter haben die **Gewöhnliche Traubenhyazinthe** (*M. atlanticum,* Blätter bis 3 mm breit), und die **Übersehene Traubenhyazinthe** *(M. neglectum)* mit 3–5 mm breiten Blättern. Die **Schmalblütige** *(M. tenuiflorum)* und die **Schopfige Traubenhyazinthe** *(M. comosum)* besitzen demgegenüber später stark verlängerte Trauben, außerdem treten die Unterschiede zwischen sterilen und fertilen Blüten viel deutlicher hervor. Die letztgenannte Art ist leicht an den extrem langen Stielen der oberen sterilen Blüten zu erkennen.

Gefährdet. Geschützt.

Gewöhnliche Weißwurz, Salomonssiegel

Polygonatum odoratum

Querschnitte durch die Stengelbasis

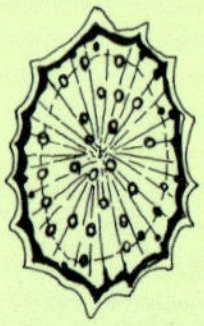

Wohlriechende Weißwurz

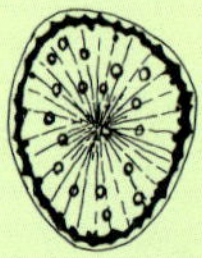

Vielblütige Weißwurz

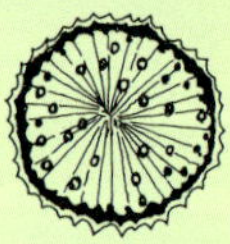

Quirlblättrige Weißwurz

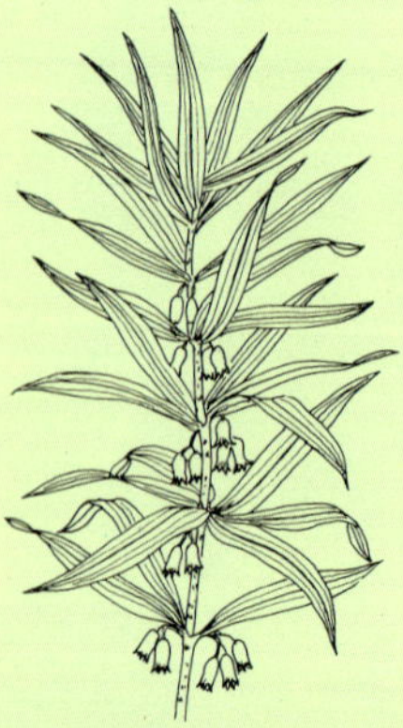

Quirlblättrige Weißwurz

Liliengewächse
Liliaceae

Merkmale: 15–40 cm; Blütezeit V–VI. Die auch unter den Namen Wohlriechende Weißwurz und Salomonssiegel bekannte Pflanze besitzt einen einseitswendig gebogenen Blütenstand, bei dem die etwa 20 mm langen Blüten – im Gegensatz zur Vielblütigen Weißwurz (*P. multiflorum;* vgl. »Heimische Pflanzen 1«, S. 124) – meist einzeln, selten auch zu je 2 blattachselständig auftreten. Die Perigonblätter sind zu einer 5–7 mm dicken, leicht bauchigen Blütenkronröhre verwachsen, deren grünliche Spitzen sich von der weißen Grundfärbung abheben. Die Staubfäden sind bei der vorliegenden Art kahl, bei der Vielblütigen Weißwurz dagegen behaart. Aus dem Fruchtknoten entwickelt sich eine blauschwarze Beere. Die ovalen, bis 10 cm langen, halbstengelumfassenden Blätter sind im Regelfall deutlich aufgerichtet und stehen wechselständig am kantigen Stengel. Auch in diesen Merkmalen unterscheidet sich die Art von *P. multiforum,* die einen runden Stengel besitzt (vgl. Grafiken). Beide Arten besitzen weißliche Rhizome (kriechende Erdsprosse), deren siegelringartige Narben der Vorjahrestriebe in den volkstümlichen Namen Salomonssiegel eingingen. Das sympodial verzweigte Rhizom wurde bereits im oben erwähnten Band 1 ausführlich erläutert. **Standort:** Waldränder, Gebüsche, lichte Wälder, steinige Hänge, sogar auf Felsen. Kalkhaltige Böden werden bevorzugt. Bis in Höhen von 1700 m. **Verbreitung:** Eurasiatisch-kontinental; nahezu im gesamten europäischen Raum mit Ausnahme der westlichsten und südöstlichsten Gebiete; die östlichsten Vorkommen liegen im Gebiet des Himalaya sowie in Westsibirien!

Die Wohlriechende oder Gewöhnliche Weißwurz ist häufig mit Kiefern vergesellschaftet und gilt als Licht- bis Halbschattenpflanze. Der Duft, der auch im Namen zum Ausdruck kommt, dient zur Anlockung von Insekten, vor allem Hummeln, die schon aufgrund ihrer Rüssellänge als Bestäuber in Frage kommen. Die Beerenfrüchte werden durch Tiere verbreitet. Auf die Giftigkeit der Pflanze (*Digitalis*-Glykoside) sei abschließend verwiesen.

Eine weitere in Mitteleuropa heimische Art ist die **Quirlblättrige Weißwurz** *(P. verticillatum),* deren Blätter in 3- bis 8-zähligen Quirlen angeordnet sind (vgl. Grafik). Ihr Stengel ist im Unterschied zu den beiden anderen Arten fein gerieft (vgl. Grafik).

Schneeglöckchen

Galanthus nivalis

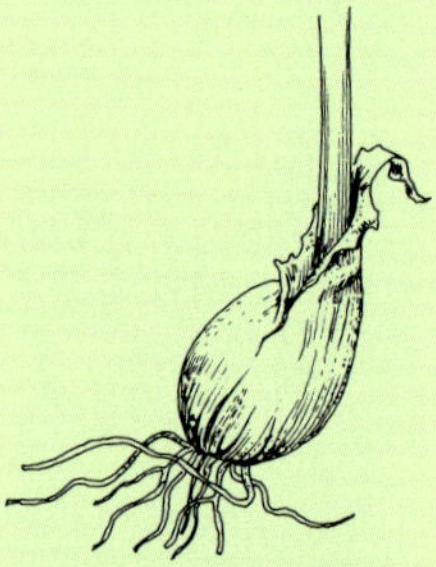

Stellung des Fruchtknotens bezüglich der Blütenachse

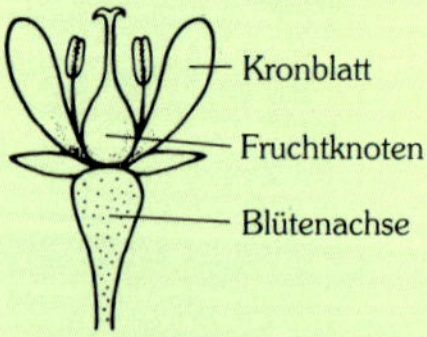

oberständig

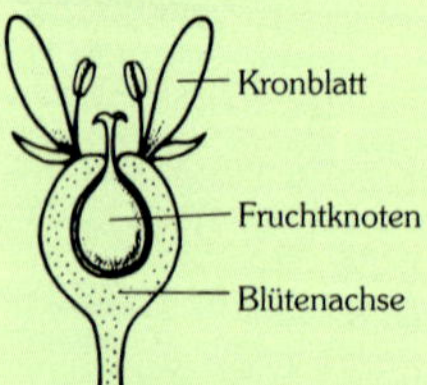

unterständig

Merkmale: 8–25 cm; Blütezeit II–IV. Die allgemein bekannte Pflanze, die zu unseren ersten Frühjahrsblühern gehört, ist durch 1-blütige Stengel mit 20–25 mm langen, weißen, nickenden Blüten gekennzeichnet. Ihre Blütenhüllblätter sind deutlich verschieden: die 3 äußeren erreichen fast die doppelte Länge der inneren, die dafür breiter und tief ausgerandet sind. Während die äußeren Blütenhüllblätter abstehen, neigen sich die inneren, die an der Spitze einen grünen Fleck tragen, wie ein Krönchen zusammen. Besonders deutlich ist der für alle Amaryllisgewächse typische unterständige Fruchtknoten zu beobachten (Liliengewächse besitzen dagegen oberständige; vgl. Grafiken). An der grünen, 2-blättrigen Blattscheide findet sich ein weißer, häutiger Rand. Die beiden grundständigen linealischen Blätter sind blaugrün bereift, etwas fleischig und etwa 4 mm breit. **Standort:** Schlucht- und Auenwälder (meist Laubmischwälder), feuchte Wiesen; auf nährstoffreichen Ton- und Lehmböden. Gelegentlich aus Gärten verwildert. **Verbreitung:** Außer Nordeuropa im gesamten europäischen Raum mit Schwerpunkt im nördlichen Mittelmeergebiet; östlich bis zum Kaukasus vordringend.

Die geschützte Pflanze tritt in Mitteleuropa nur noch sehr selten an natürlichen Standorten auf. Das Schneeglöckchen ist für die Phänologie, die von C.v. Linné begründete Wissenschaft vom jahreszeitlichen Ablauf der Lebenserscheinungen bei Pflanzen, von Bedeutung. In Langzeitbeobachtungen werden auffällige Phasen im Lebenszyklus allgemein verbreiteter Pflanzen registriert, z.B. Blühbeginn, Laubentfaltung, Fruchtreife, Laubfall und dergleichen. Daraus ergeben sich wichtige Indizien insbesondere für die Landwirtschaft! So gibt die Schneeglöckchenblüte im südlichen Alpenvorland den Vorfrühlingsbeginn an!

Die Blüten der schwach giftigen Pflanze bieten mit die erste Nahrung für die Bienen, von denen sie gleichzeitig bestäubt werden. Die grünen Flecken der inneren Blütenhüllblätter dienen dabei als Saft- und Duftmale zur Orientierung. Außerdem ist eine Myrmekochorie zu beobachten: Ameisen suchen die Samen wegen ihres fett- und eiweißreichen Anhängsels (Elaiosom) auf. Dieses dient ihnen als Nahrungsquelle; dabei werden die Samen oft weit verschleppt und die Verbreitung der Art ist gewährleistet.

Gefährdet. Geschützt.

Frühlings-Knotenblume, Märzenbecher

Leucojum vernum

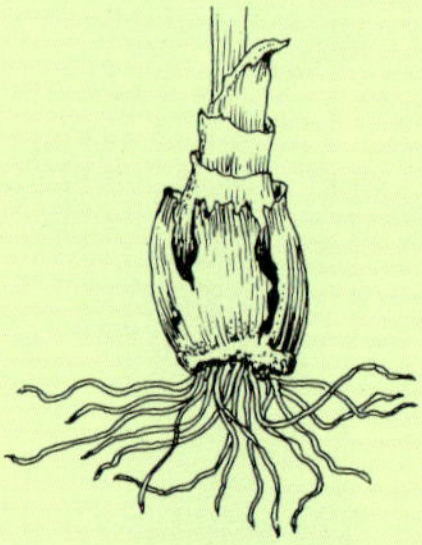

Merkmale: 10–30 cm; Blütezeit II–IV. Die oft fälschlicherweise Schneeglöckchen genannte Pflanze ist zwar unmittelbar mit der vorangehenden Art verwandt, unterscheidet sich jedoch deutlich von jener. Der blattlose Stengel trägt meist 1, selten 2 glockenförmige, hängende weiße Blüten (15–25 mm), die einen wohlriechenden Duftstoff produzieren. Alle Perigonblätter sind hier (im Gegensatz zum Schneeglöckchen) nahezu gleich lang und laufen in eine stumpfe, gelbgrüne Spitze aus. Ferner sind keulenförmige Griffel und ebenfalls unterständige Fruchtknoten für die Blüten bezeichnend. Der Blütenstiel wird etwa 3–4 cm von einer 1-blättrigen, häutigen Blattscheide überragt. Bis zu 5 dunkelgrüne, linealische Blätter übernehmen die Aufgabe der Fotosynthese. Der Besitz von Zwiebeln (Grafik) deutet die geophytische Lebensform an. **Standort:** Insbesondere Auenwälder und Schluchtwälder (Laubmischwälder); auch auf feuchten Wiesen. Bevorzugt nährstoffreiche, etwas kalkhaltige, feuchte (jedoch nicht zu nasse) Böden; bis in Höhenlagen von 1300 m. **Verbreitung:** Vor allem Mittel- und Südeuropa mit gemäßigt-kontinentaler Tendenz.

Die giftige Frühlings-Knotenblume gilt als Halbschattenpflanze und Feuchtigkeitszeiger. Sie wird vor allem von Bienen und Tagfaltern bestäubt. Auch dieser Art kommt in der Phänologie (s. S. 70) große Bedeutung zu: So zeigt die Blüte der Frühlings-Knotenblume im nördlichen Alpenvorland den Vorfrühlingsbeginn an!

Gefährdet. Geschützt.

Gelbe Narzisse

Narcissus pseudonarcissus

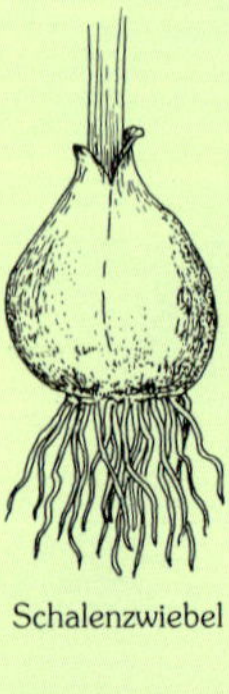

Schalenzwiebel

Merkmale: 15–40 cm; Blütezeit III–IV. Blüten hellgelb; Nebenkrone dottergelb, becherförmig, so lang wie die freien Perigonzipfel. Alle Blätter grundständig, linealisch, 7–15 mm breit, etwas fleischig. **Standort:** Feuchte, kalkarme Bergwiesen mit mäßigem Nährstoffgehalt; lichte Wälder. **Verbreitung:** Europa; nördlich bis Nordengland. In Mitteleuropa nur noch an wenigen Stellen (Hunsrück, Hohes Venn, Eifel, Vogesen). Vielfach kultiviert und dann verwildert.

Die Pflanze enthält vor allem in der Zwiebel neben Bitterstoffen Alkaloide, auf denen die Giftigkeit der Art beruht. Geringe Dosen wirken bereits als starkes Brechmittel. Die Blüten werden von Hummeln bestäubt; diese orientieren sich sowohl an der gelben Blütenfarbe (Fernorientierung) als auch an der als »Duftmal« fungierenden Nebenkrone (Nahorientierung).

Gefährdet. Geschützt.

Wasser-Schwertlilie

Iris pseudacorus

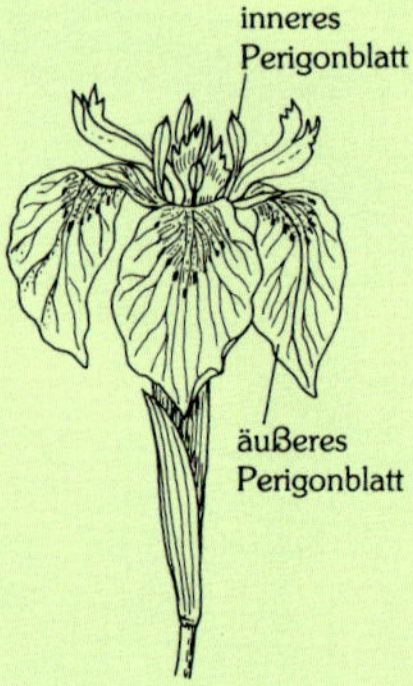

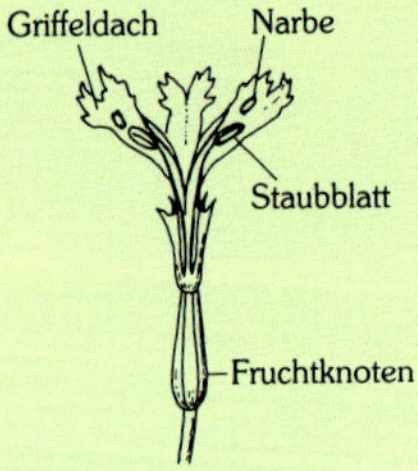

»Blüte«, Perigonblätter entfernt

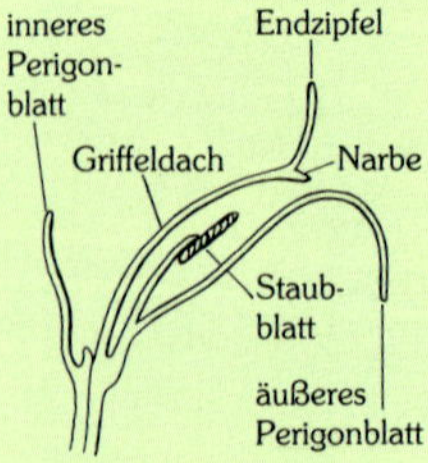

Merkmale: 50–120 cm; Blütezeit V–VII. Die kompliziert gebauten Blüten der Gattung *Iris* sind für den Laien meist nur sehr schwer interpretierbar. Eine vorangehende allgemeine Beschreibung soll das Verständnis für die blütenbiologischen Besonderheiten erleichtern. Eigentlich besteht jede *Iris*-Blüte aus 3 funktionellen Einheiten, die im Dienste der Bestäubung stehen. Man spricht von einem Meranthium im Gegensatz zu typischen Einzelblüten (Euanthium) oder Scheinblüten (Pseudanthium). Bei den Schwertlilien enthält jede Blüte 3 Lippenblumen, die sich aus je einem Griffeldach (verbreiterte Griffel) sowie einem äußeren und inneren Perigonblatt zusammensetzen (vgl. Grafiken). Die vorliegende Art ist durch leuchtend gelbe Blüten gekennzeichnet, deren äußere Blütenhüllblätter breit, oval bis rundlich, an der Basis braun geadert und nicht bärtig sind (wichtiges Bestimmungsmerkmal!). Die inneren Blütenhüllblätter sind schmal-lineal sowie viel kürzer und schmaler als die Griffeläste. Die Blüten erreichen eine Länge von etwa 10 cm; grüne Hochblätter existieren. Die 10–30 mm breiten und ca. 1 m langen Blätter haben durch ihre Schwertform der gesamten Familie den Namen gegeben. Stengel rundlich bis elliptisch, im allgemeinen 1- bis 5-blütig. Als Fruchttyp entsteht eine Kapselfrucht. **Standort:** Im Verlandungsbereich stehender und fließender Gewässer, im Schilfgürtel oder mit Großseggen vergesellschaftet; in Auenwäldern, Wald- und Wiesensümpfen, an Gräben; nasse, schlammige und zeitweise überschwemmte Böden werden bevorzugt. **Verbreitung:** Ganz Europa sowie Nordafrika und Vorderasien.

Die Wasser- oder Sumpf-Schwertlilie ist eine wärmeliebende Lichtpflanze. Im Zusammenhang mit den Standortangaben ist die Eigenschaft eines Nässezeigers offensichtlich. Spezielle Eigentümlichkeiten im Bau der Früchte ermöglichen eine Schwimmverbreitung; die Samen sind jedoch nur bei Lichteinfluß zur Keimung fähig. Sowohl die Blätter als auch die kriechenden Rhizome (Erdsprosse) enthalten Giftstoffe, die insbesondere dem Vieh abträglich sind. Andererseits werden aus den Rhizomen Gerbstoffe isoliert, die nicht nur zum Gerben sondern auch medizinische Verwendung finden.

Geschützt.

Sibirische Schwertlilie

Iris sibirica

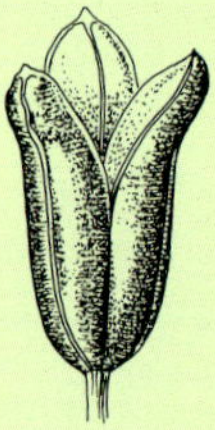

Frucht

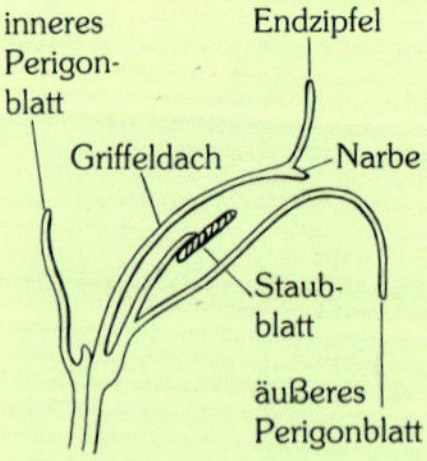

Merkmale: 30–90 cm; Blütezeit V–VI. Bezeichnend für die mehrjährige Pflanze sind die 6 cm langen, blauvioletten Blüten, deren innere Hüllblätter deutlicher (breiter und länger als die Griffeläste) in Erscheinung treten. Die rundlichen äußeren Perigonblätter weisen an der Basis eine weiß-blaue Aderung auf; sie verschmälern sich plötzlich in einen langen gelbbraunen Nagel, der seinerseits ebenfalls eine dunklere Nervatur besitzt. Am meist 2- (bis 4-)blütigen Stengel befinden sich braune Hochblätter. Im Gegensatz zur Gelben Schwertlilie ist der stielrunde Schaft hohl. Die Breite der 2–6 linealischen Blätter mißt nicht mehr als 10 mm; außerdem werden sie vom Blütenstengel deutlich an Länge übertroffen. Kapselfrucht (s. Grafik). **Standort:** Sumpf- und Moorwiesen, Gräben, Flachmoore; an gelegentlich überfluteten Stellen. Häufig mit Pfeifengras *(Molinia coerulea)* vergesellschaftet. **Verbreitung:** Mittel- und Osteuropa sowie nördliches Mittelmeergebiet; im asiatischen Raum bis Sibirien (Name!) und Japan weit verbreitet.

In Mitteleuropa ist die äußerst seltene Sibirische Schwertlilie deutlich im Rückgang begriffen. Wie bei zahlreichen anderen Arten dürften auch hier vor allem Kulturmaßnahmen dafür verantwortlich sein. Durch Düngung, Trockenlegung und Mahd verschwinden immer mehr natürliche Standorte, an denen die Art in der Lage ist, sich in Konkurrenz um Raum und Nährstoffe gegenüber anderen Arten zu behaupten.

Bei den kompliziert gebauten, interessanten Blüten der *Iris*-Arten liegt ein spezifischer Bestäubungsmechanismus vor, der an dieser Stelle kurz beschrieben werden soll: Das Grundprinzip besteht in der sogenannten Herkogamie, der räumlichen Trennung von Narben und Staubblättern (vgl. Grafik). Wenn Hummeln, die Hauptbestäuber dieser Blüten, in eine der 3 Teilblumen hineinkriechen, wird die Narbenklappe mit dem Rücken umgebogen und durch den mitgebrachten Pollen bestäubt. Anschließend belädt sich das Insekt erneut mit Pollen; beim Verlassen der Blüte wird nun die Narbenklappe gegen das Griffeldach gepreßt, so daß eine Selbstbestäubung in jedem Falle ausgeschlossen ist.

Stark gefährdet. Geschützt.

Sumpf-Siegwurz
Gladiolus palustris

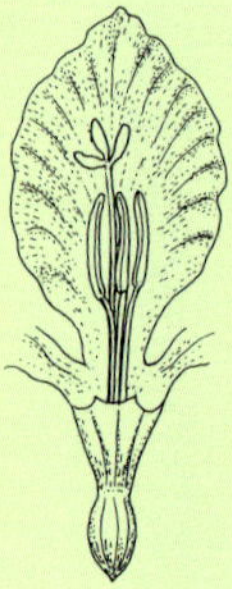

Blüte, geöffnet (unvollständig)

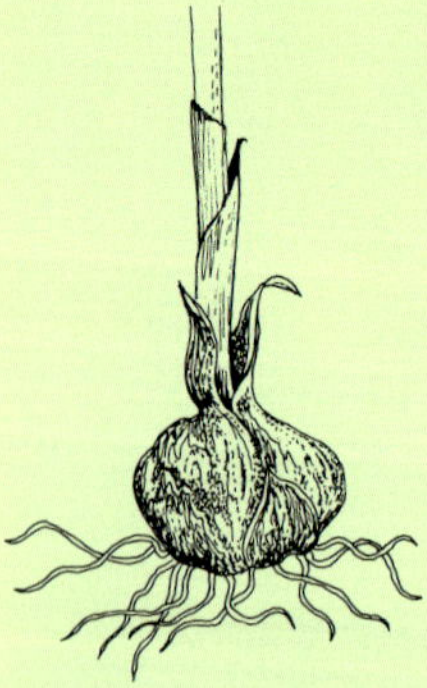

Merkmale: 30–60 cm; Blütezeit VI–VII. Blüten zu 2–6 in einer Ähre, purpurrot, selten weiß, 30 mm lang. Auf den unteren Zipfeln der Blütenhüllblätter fällt ein weißer, dunkelrot eingefaßter Streifen auf. Narben federig. 2–3 Blätter mit einer Breite von 4–9 mm. Bei einer exakten Bestimmung müßte ferner auf die Knollenhülle geachtet werden, deren Fasern bei der vorliegenden Art netzartig verbunden sind (s. Grafik). Auch anhand der Kapselfrüchte kann die Sumpf-Siegwurz bestimmt werden. So sind die verkehrt-eiförmigen, länglichen Kapseln weder eingedrückt noch gefurcht, dagegen an der Spitze deutlich abgerundet. **Standort:** Sumpf- und Moorwiesen, oft mit Pfeifengras *(Molinia)* vergesellschaftet; kalkliebend; bis in Höhenlagen von 1300 m vorkommend. **Verbreitung:** Mitteleuropa mit östlicher und südlicher Tendenz (europäisch-kontinental).

Die Sumpf-Siegwurz ist trotz des Schutzes, den sie genießt, in unserem Raum schon nahezu ausgerottet. Wie bei der voranstehenden Sibirischen Schwertlilie, die ähnliche Biotope beansprucht, dürften auch hier in den meisten Fällen Kulturmaßnahmen die letzten Lebensräume zerstört haben. Auch die hier beschriebene Art wird von Insekten (Hummeln) bestäubt. Vergleicht man die Blüten der Gattungen *Iris* und *Gladiolus,* so läßt sich bei den Siegwurz-Arten eine Zunahme der Dorsiventralität (nur eine Symmetrieebene) beobachten. Auf experimentellem Wege konnte gezeigt werden, daß die Dorsiventralität der *Gladiolus*-Blüte entscheidend von der Schwerkraft beeinflußt wird. Ließ man die Pflanzen unter entsprechenden Versuchsbedingungen ohne die Einwirkung der Schwerkraft wachsen, so entwickelten sich radiäre Blüten!

Die andere wildwachsende Siegwurz-Art, die **Wiesen-Siegwurz** *(Gladiolus imbricatus),* ist durch parallelfaserige Knollenhüllen und stumpf 3-kantige Kapselfrüchte gekennzeichnet.

Stark gefährdet. Geschützt.

Frauenschuh

Cypripedium calceolus

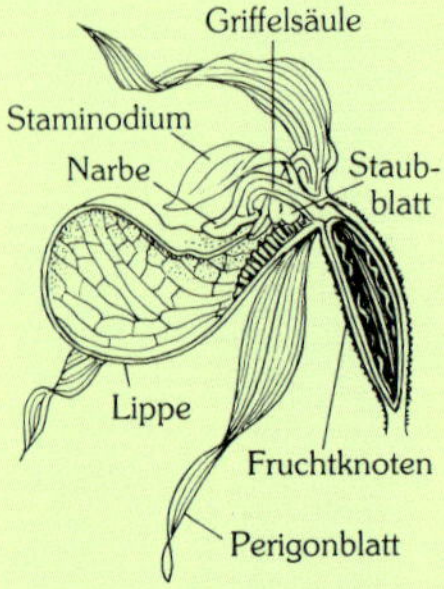

Blüte, Längsschnitt

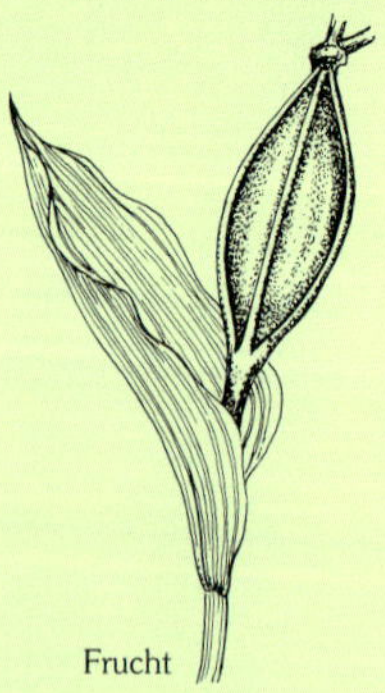

Frucht

Merkmale: 20–50 cm; Blütezeit V–VI. Der Frauenschuh, eine der bekanntesten heimischen Orchideen, ist vor allem durch seine auffälligen Blüten gekennzeichnet. Die aufrechten, beblätterten Stengel der mehrjährigen Pflanze tragen 1–2 (sehr selten 3) Blüten, die einen Durchmesser von 6–9 cm erreichen können. Charakteristisch ist die meist kräftig gelbe, pantoffelartig aufgeblasene Lippe (= inneres Perigonblatt, bis zu 40 mm lang), die von 4 purpur- bis schokoladenbraunen äußeren Perigonblättern umgeben wird (vgl. Grafik). Kapselfrucht (s. Grafik). Die 3–5 zugespitzten, breit-ovalen bis elliptischen Laubblätter umfassen den Stengel; ihre kräftige Nervatur tritt besonders deutlich hervor. Die Blattspreite weist eine kurze Behaarung auf. Im Gegensatz zu vielen anderen Orchideenarten besitzt der Frauenschuh keine Knollen, sondern Rhizome. **Standort:** Lichte Laub- und Nadelmischwälder, Gebüsche; im allgemeinen auf kalkhaltigen Lehm- und Tonböden; bis in Höhen von 1500 m. **Verbreitung:** Vorwiegend in Nord- und Mitteleuropa; in westlichen und südöstlichen Bereichen fehlend. Im asiatischen Raum erstreckt sich das Areal bis nach Sibirien (nordisch-eurasiatische Verbreitung mit kontinentaler Ausrichtung).

Der seltene Frauenschuh zählt zu den Halbschattenpflanzen. Die Bestäubung der Blüten erfolgt durch einen speziellen Mechanismus: Die schuhförmige Lippe stellt eine Gleitfalle dar, in der sich durch den Glanz angelockte Insekten (vor allem Erdbienen) verfangen, nachdem sie von den durch einen Ölfilm extrem glatten Rändern ins Innere abgestürzt sind. Über die gleichfalls glatten Innenwände ist ein Entkommen durch die Fallenöffnung ausgeschlossen. Die gefangenen Erdbienen müssen sich, um dem Kessel zu entrinnen, durch eine schmale, seitliche Öffnung in der Nähe des Lippenansatzes zwängen. Dabei wird sichergestellt, daß die Insekten zuerst die von anderen Blüten mitgebrachte Pollenmasse an der schleimigen Narbe abstreifen und anschließend neuen Pollen aufnehmen. Eine Selbstbestäubung ist so unmöglich!

Stark gefährdet. Geschützt.

Weißes Waldvöglein

Cephalanthera damasonium

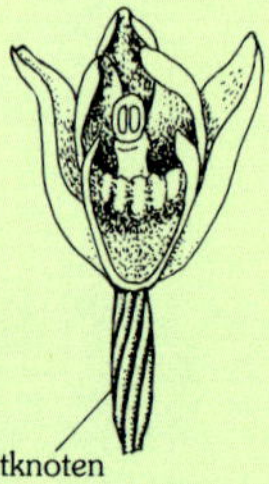

Weißes Waldvöglein

Schwertblättriges Waldvöglein

Merkmale: 20–60 cm; Blütezeit V–VII. In einer gestreckten, lockerblütigen Ähre befinden sich 3–10 creme- bis gelblich-weiße, ungestielte Blüten in aufrechter Stellung (15–20 mm lang). Bei dem vermeintlichen Blütenstiel handelt es sich um den (gedrehten) Fruchtknoten. Er ist kahl und meist deutlich kürzer als die Tragblätter der Blüten (vgl. Grafik). Die stumpflichen Blütenhüllblätter neigen sich dicht zusammen; Lippe kürzer als die übrigen Blütenhüllblätter, von herzförmiger bis ovaler Gestalt. Am aufrechten Stengel stehen in lockerer Anordnung die länglich-ovalen Blätter, die maximal 5-mal so lang wie breit werden, zugespitzt sind und zwischen 5 und 10 Nerven besitzen. **Standort:** Buchenwälder, Laubmischwälder, Trockenwälder, Gebüsche, auch Kiefernbestände. Die Art bevorzugt nährstoffreiche, steinige Lehmböden, insbesondere auf Kalk(!); bis in Höhenlagen von etwa 1200 m. **Verbreitung:** In weiten Bereichen Europas, vor allem in gemäßigten und südlichen Regionen.

Aus den Standortverhältnissen im Buchenwald wird deutlich, daß das Weiße oder Großblütige Waldvöglein als Schattenpflanze speziell an das geringe Lichtangebot angepaßt ist. Während vor der Belaubung bis zu 70% des Lichtes auf den Boden gelangen, reduziert sich der Strahlungsanteil zur Zeit der Laubentfaltung bereits auf etwa 30%. Nach vollständiger Ausbildung des Kronendaches beträgt das Strahlungsangebot für die Krautschicht meist weniger als 10%! Ausgesprochene Schattenpflanzen haben ihren gesamten Stoffwechsel auf einen relativen Lichtgenuß von 5–20% eingestellt. Als untere Existenzgrenze wird für Sproßpflanzen ein Lichtgenuß von ca. 1% angegeben.

Noch wesentlich seltener ist das **Schwertblättrige Waldvöglein** *(Cephalanthera longifolium)* mit reinweißen Blüten (Hüllblätter 10–15 mm lang) und schmallanzettlichen, mehr als 10-mal so langen wie breiten Blättern (vgl. Grafik).

Geschützt.

Rotes Waldvöglein

Cephalanthera rubra

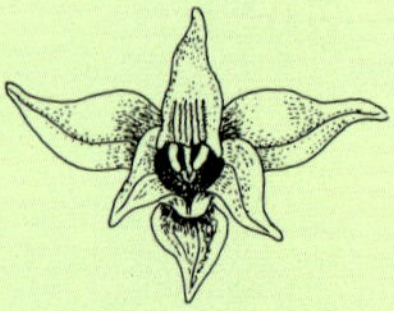

Merkmale: 20–50 cm; Blütezeit V–VII. Blüten zu 3–5 in einer Ähre; auch hier handelt es sich bei dem vermeintlichen Blütenstiel um den (gedrehten) Fruchtknoten! Perigonblätter rot gefärbt, zugespitzt, 15–20 mm lang, zur Blütezeit deutlich abstehend; das vordere Lippenglied ist ebenfalls zugespitzt, von ovaler bis 3-eckiger Gestalt und im Gegensatz zum Weißen Waldvöglein länger als breit (vgl. Grafik). Zu den wichtigen Bestimmungsmerkmalen zählt auch der weichhaarige Fruchtknoten. Die Tragblätter sind im allgemeinen länger als der Fruchtknoten, jedoch kürzer als die Blüten. Der im oberen Bereich kurzhaarige Stengel trägt spitze, lanzettliche Blätter. **Standort:** Wälder (insbesondere Buchen-, Eichen- oder gelegentlich Fichtenmischwälder); auf kalkreichen, lehmigen Böden; bis in Höhenlagen von 1500 m. **Verbreitung:** Fast im gesamten europäischen Gebiet ausschließlich der nördlichen Bereiche; das Areal dieser Art erstreckt sich bis in den südwestasiatischen Raum.

Das Rote Waldvöglein gehört zu den wärmeliebenden Arten und hat einen etwas größeren Lichtbedarf als das Weiße Waldvöglein (Schatten- bis Halbschattenpflanze). Bei beiden Arten finden sich verzweigte Rhizome als Überwinterungsorgane. Die Blüten der hier beschriebenen, rotblühenden Art werden hauptsächlich von Bienen bestäubt.

Geschützt.

Echte Sumpfwurz

Epipactis palustris

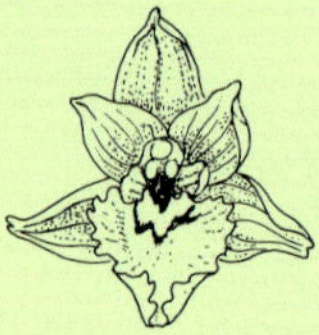

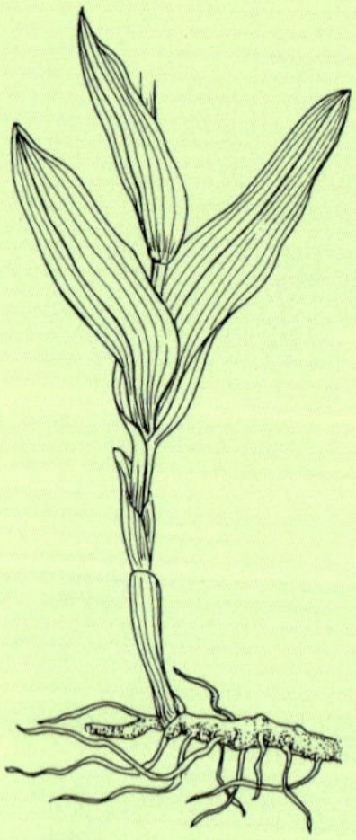

Merkmale: 20–50 cm; Blütezeit VI–VIII. Blüten graugrünlich bis bräunlichpurpurn, in einseitswendiger, lokkerer Traube. Eine genauere Betrachtung zeigt 3 grünlich-bräunliche äußere, sowie 2 weiße innere Blütenhüllblätter. Letztere weisen wie die 10–20 mm lange, weiße Lippe eine purpurrote Aderung auf. Die Lippe selbst besteht aus einem hinteren Glied, das die Nektarien trägt, und einem rundlichen vorderen Abschnitt, der aufgrund seiner Beweglichkeit schon bei Berührung leicht abbrechen kann. Beide Glieder sind durch einen tiefen Einschnitt getrennt; insgesamt mißt die Lippe etwa die doppelte Länge der übrigen Blütenhüllblätter. Die laubblattartig ausgebildeten Tragblätter erreichen nur selten die Länge der Blüten. Die Form der Laubblätter verändert sich von unten nach oben von elliptisch zu lanzettlich; dabei übertreffen die Blätter die Stengelabschnitte an Länge. Auch bei dieser Art ermöglichen verzweigte Rhizome (Erdsprosse) die Überwinterung (s. Grafik). **Standort:** Sumpf- und Moorwiesen, Moore; oft in Pfeifengrasbeständen *(Molinia);* insbesondere auf kalkreichen(!) Böden; bis in Höhenlagen von 1300 m. **Verbreitung:** Eurasiatisch mit mediterranem Einfluß; nahezu im gesamten europäischen Raum, in weiten Teilen Asiens sowie in Nordafrika.
Die vielfach schon sehr selten gewordene Art wird infolge einer Abnahme geeigneter Biotope mehr und mehr zurückgedrängt. Die Bestäubung der Blüten kommt durch Bienen zustande.
Gefährdet. Geschützt.

Breitblättrige Sumpfwurz

Epipactis helleborine

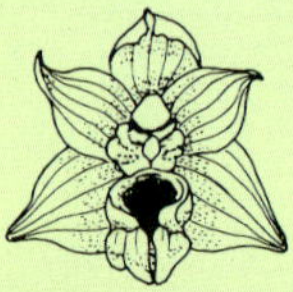

Breitblättrige Sumpfwurz

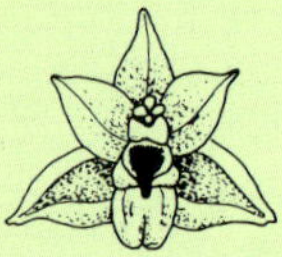

Violette Sumpfwurz

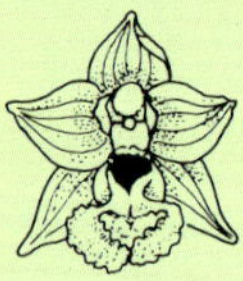

Braune Sumpfwurz

Merkmale: 30–100 cm; Blütezeit VI–IX. Diese Art ist die häufigste der Gattung *Epipactis*. Aufgrund der Unauffälligkeit ihrer Blüten gehört sie sogar zu den noch am wenigsten gefährdeten heimischen Orchideenarten. Der bis zu 30 cm lange Blütenstand, eine einseitswendige Traube, setzt sich aus 15–30 nickenden Einzelblüten zusammen, deren Größe bei 1,5 cm liegt. Die ovallanzettlichen Blütenhüllblätter sind grün und meist etwas trübrot überlaufen; in manchen Fällen können sie auch eine purpurne Färbung annehmen. Bei dieser Art ist die Lippe deutlich kürzer als die anderen Blütenhüllblätter; ihr vorderes Glied stellt eine breite (breiter als lang!), etwa herzförmige Platte dar, deren Farbe zwischen Purpurrot, Rosa und Grünlichweiß variiert. Im gewölbten hinteren Abschnitt wird Nektar produziert. Ferner besitzt die Lippe an der Basis 2, selten 3 glatte Höcker. Der hohe, aufrechte Blütenschaft trägt zahlreiche grüne Blätter in spiraliger Stellung. Während die unteren von rundlicher Gestalt (bis zu 8 cm breit) sind, nehmen die oberen eine lanzettliche Form an, bis sie schließlich in die linealischen Tragblätter übergehen. Die mittleren Stengelblätter sind länger als die entsprechenden Stengelabschnitte, stengelumfassend und auf den Nerven behaart. Verzweigte Rhizome sind auch für diese Art bezeichnend. **Standort:** Eichen-, Buchen- und Nadelmischwälder, Gebüsche; vorzugsweise auf nährstoffreichen, lehmigen Böden; bis in Höhen von etwa 1400 m. **Verbreitung:** Ganz Europa; außerdem in den gemäßigten Breiten Asiens und sogar in Nordafrika.

Die Breitblättrige Sumpfwurz gilt als typischer Lehmzeiger. Die Bestäubung der unscheinbaren Blüten erfolgt im wesentlichen durch Wespen und Hummeln.

Bei der **Violetten Sumpfwurz** *(Epipactis purpurata)* sind die mittleren Stengelblätter nur so lang wie die entsprechenden Stengelabschnitte, zudem graugrün und unterseits oft violett. Die **Braune Sumpfwurz** *(E. atrorubens)* hat nach Vanille duftende, rotbraune oder rötlichviolette Blüten (Aufbau der Blüten s. Grafiken).

Geschützt.

Großes Zweiblatt

Listera ovata

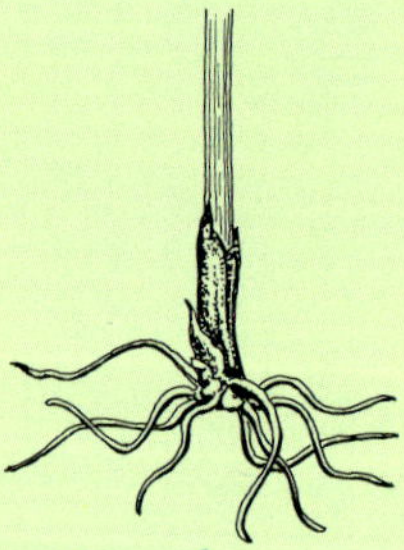

Rhizom

Merkmale: 20–60 cm; Blütezeit V–VII. Diese Orchideenart kann bereits im vegetativen Zustand sehr leicht bestimmt werden: Der Stengel besitzt nahe dem Erdboden (zur Blütezeit unterhalb der Mitte) lediglich 2 ungestielte, gegenständige Blätter, die durch ihre Größe (5–18 cm), ihre breit-ovale Form und die deutlich hervortretenden Nerven auffallen. Die Blattmerkmale spielten bei der Benennung der Pflanze die entscheidende Rolle. Unmittelbar vor und noch während der Blütezeit streckt sich der Stengel beträchtlich und bildet einen langen, traubigen Blütenstand aus. Die zahlreichen, grünlichgelben Einzelblüten sind weniger auffällig. Neben den grünen, zusammenneigenden äußeren Blütenhüllblättern findet sich eine bandförmig-linealische, gelbliche Lippe (10–15 mm lang). An der Spitze ist sie tief 2-spaltig, doch fehlen basale Seitenlappen (vgl. Grafik). Die Blüten bilden keinen Sporn aus. Kriechende Rhizome ermöglichen eine Überwinterung der Art, die aus diesem Grund der Lebensform der Geophyten zuzuordnen ist (vgl. Grafik). **Standort:** Laubmischwälder (auch Nadelwälder), Waldränder und -wiesen, Gebüsch, Auenwälder; auf nährstoffreichen, lehmigen Böden; kalkliebend; bis in Höhenlagen von 1800 m. **Verbreitung:** Ganz Europa außer Portugal; ferner in großen Teilen Westasiens.

Das Große Zweiblatt ist an Biotope mit einem mittleren Lichtangebot angepaßt (Halbschatten- bis Lichtpflanze). Die Betäubung der Blüten erfolgt vor allem durch Schlupfwespen und Käfer.

Viel seltener als die beschriebene Art ist das **Kleine** oder **Herz-Zweiblatt** *(Listera cordata),* das durch nahezu herzförmige, weniger derbe Blätter und wenigblütige Trauben gekennzeichnet ist. Die 2-spaltige Lippe besitzt basal deutlich erkennbare Seitenlappen und weist eine braunrote Färbung auf. Das Areal dieser Art erstreckt sich eher über nördliche Regionen.

Geschützt.

Nestwurz

Neottia nidus-avis

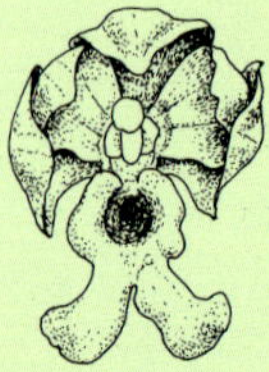

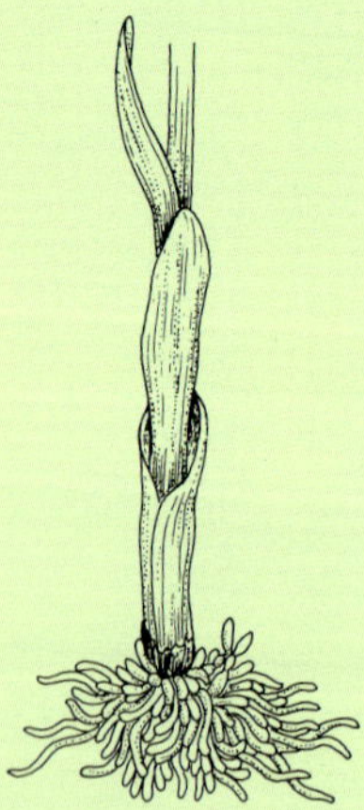

Rhizom

Merkmale: 15–45 cm; Blütezeit V–VII. Die Nestwurz oder Vogelnest-Orchis zählt zu den auffallendsten Erscheinungen der Waldbodenflora und zu den interessantesten heimischen Orchideenarten. Die Ausnahmestellung zeigt sich bereits in der gelbbraunen Färbung der gesamten Pflanze sowie im Fehlen grüner Laubblätter; der Stengel trägt nur scheidenartige, braungelbe Schuppenblätter. Sogar die 10–30 locker abstehenden Blüten sind hellbraun gefärbt. Die bis zu 12 mm langen äußeren Blütenhüllblätter neigen sich helmartig zusammen, die an der Spitze 2-lappige, ungespornte Lippe verbreitert sich am Grund und weist dort eine Vertiefung auf (vgl. Grafik). Deutscher und wissenschaftlicher Name rühren von dem eigenartigen Rhizom her, das durch seine eng verflochtenen, fleischigen Wurzeln einen nestartigen Eindruck erweckt (s. Grafik). **Standort:** Hauptsächlich Buchenwälder, jedoch auch Eichenmischwälder oder seltener Nadelwälder. Die Art bevorzugt kalkhaltige Lehmböden; im Gebirge bis in Höhen von 1400 m. **Verbreitung:** Ganz Europa; Westasien.

Nachfolgend sollen kurz einige der wichtigsten Besonderheiten dieser Orchideenart erwähnt werden. Sowohl die Reduktion der Laubblätter zu Schuppen als auch der Mangel bzw. das vollständige Fehlen der grünen Blattfarbstoffe (Chlorophylle) lassen erkennen, daß es sich hier um eine sogenannte heterotrophe Pflanze handelt, die nicht in der Lage ist, auf dem Wege der Fotosynthese organische Verbindungen aufzubauen. Diese müssen vielmehr auf andere Art und Weise beschafft werden. Als Möglichkeiten bieten sich Saprophytismus (Leben auf totem organischem Substrat) oder Parasitismus an. Bei der Nestwurz liegen jedoch noch kompliziertere Verhältnisse insofern vor, als eine Symbiose zwischen ihren Wurzeln und Pilzen (Mykorrhiza) auftritt. Dieses Zusammenleben geht vor allem auf Kosten des Pilzes, von dem die Nestwurz die organischen Substanzen bezieht, zu deren Produktion sie selbst nicht in der Lage ist.

Geschützt.

Zweiblättrige Kuckucksblume, Waldhyazinthe

Platanthera bifolia

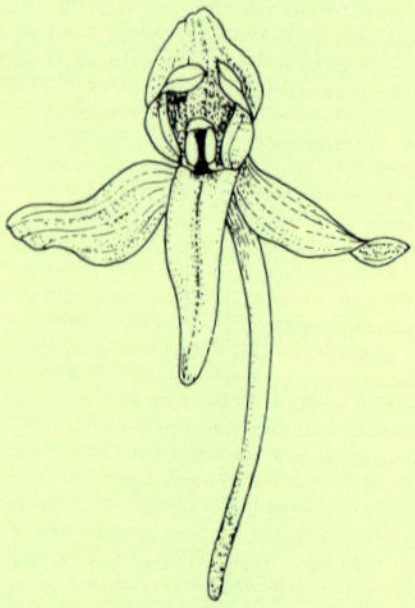

Zweiblättrige Kuckucksblume

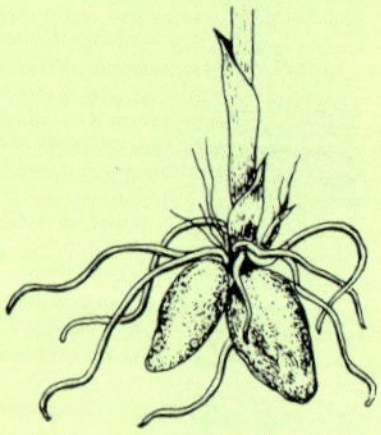

Wurzelknollen

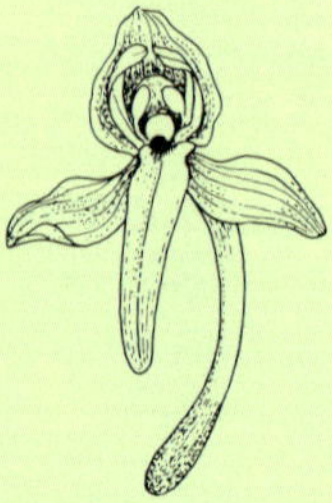

Berg-Kuckucksblume

Merkmale: 15–45 cm; Blütezeit V–VII. Aufgrund des langgestreckten, fast zylindrischen, traubigen Blütenstandes und der vor allem nachts stark duftenden, weißen Blüten wird die Art auch Zweiblättrige Waldhyazinthe genannt. Während die äußeren Perigonblätter abstehen, bilden die inneren einen Helm; die Lippe ist ungeteilt und linealisch (vgl. Grafik). Besonders auffallend wirkt der lang-fadenförmige, gleichmäßig dünne Sporn, dessen Länge (25–30 mm) das 1,5- bis 2-fache des Fruchtknotens erreicht. Als zusätzliches Bestimmungsmerkmal dienen die parallelen Staubbeutelfächer. Nahe der Basis besitzt die Pflanze 2 (selten 3) große, dunkelgrün-glänzende, verkehrt-eiförmige Blätter (Name!), die übrigen Stengelblätter sind sehr klein. Die Arten der Gattung *Platanthera* sind durch Wurzelknollen gekennzeichnet, die vorliegende Art hat deren 2 (vgl. Grafik). **Standort:** Lichte Wälder und Gebüsche, Magerrasen; jedoch auch mit Nadelgehölzen vergesellschaftet. Kalkhaltige Böden werden bevorzugt; bis in Höhenlagen von 2000 m. **Verbreitung:** Ganz Europa, große Teile Asiens und Nordafrikas (nordisch-eurasiatisch-subozeanische Verbreitung).

Die Zweiblättrige Kuckucksblume benötigt zu ihrer Entwicklung ein relativ hohes Strahlungsangebot (Licht- bis Halbschattenpflanze). Besondere Aufmerksamkeit verdient diese Art vor allem in blütenökologischer Hinsicht: Der lange Sporn, der tief liegende Nektar (in der Spornspitze!) und die auffällige Duftstoffproduktion weisen auf eine Bestäubung durch langrüsselige Nachtfalter hin. Nach gründlicher experimenteller Untersuchung der Blüte ließen sich spezielle Duftfelder nachweisen. Die Duftdrüsen liegen in großer Anzahl auf der ganzen Lippe und auf den vorderen Rändern der beiden seitlichen inneren Blütenhüllblätter, also genau an den Stellen, die den bestäubenden Insekten als (Nah-) Orientierungshilfe auf dem Weg zum Nektar dienen können.

Die **Grünliche Waldhyazinthe** oder **Berg-Kuckucksblume** *(P. chlorantha)* unterscheidet sich von der hier beschriebenen Art durch kaum duftende, schwach grünliche oder gelbliche Blüten, deren zylindrischer Sporn (18–27 mm lang) am Ende etwas verdickt ist (s. Grafik).

Gefährdet. Geschützt.

Mücken-Händelwurz

Gymnadenia conopsea

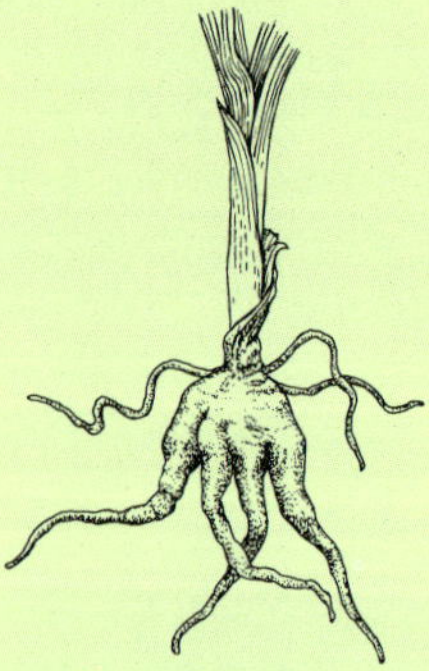

Wurzelknolle

Merkmale: 20–60 cm; Blütezeit VI–VIII. Blüten rosa bis purpurviolett, selten weiß, in einer verlängerten, zylindrischen, vielblütigen Ähre. Sporn nahezu doppelt so lang wie der Fruchtknoten; Lippe mit 3 stumpflichen, ovalen Lappen (vgl. Grafik). Äußere Blütenhüllblätter weit abstehend. Tragblätter so lang wie der Fruchtknoten (vermeintlicher Blütenstiel). Die Blüten duften schwach nelkenartig bis unangenehm. Am Blütenschaft befinden sich 6–9 aufrecht abstehende, lanzettliche Blätter. Der Name der Pflanze rührt von den handförmig geteilten Wurzelknollen her, die der Überwinterung der Art dienen (s. Grafik). Die Wurzelknollen entstehen jedes Jahr neu in der Achsel eines Niederblattes. Aus ihnen entwickelt sich der Sproß des folgenden Jahres, während die alte Knolle abstirbt. **Standort:** Magerrasen, Trockenwiesen, Sandgruben; Flachmoore, lichte Wälder, Böschungen; vor allem auf kalkhaltigen Lehmböden. In den Alpen bis in Höhen von 2200 m. **Verbreitung:** Im gesamten europäischen Raum sowie in gemäßigten Breiten Asiens.

Für die Bestäubung der lang gespornten Blüten (Nektar in der Spornspitze!) kommen entsprechend langrüsselige Insekten in Frage. Während weiße bis cremefarbene Blüten mit hoher Duftstoffproduktion besonders von Nachtfaltern aufgesucht werden (vgl. Zweiblättrige Kuckucksblume, S. 94), wirkt die Blütenfarbe Rot als optisches Signal vor allem auf Tagfalter.

Die zierlichere **Kleine** oder **Wohlriechende Händelwurz** *(Gymnadenia odoratissima)* unterscheidet sich von der beschriebenen Art durch einen viel kürzeren Sporn, dessen Länge die des Fruchtknotens nicht übertrifft, außerdem durch einen intensiveren Duft (Name!). Geschützt.

Fleischfarbenes Knabenkraut

Dactylorhiza incarnata

Merkmale: 20–60 cm; Blütezeit V–VII. Für die sichere Bestimmung der Knabenkraut-Arten, die früher alle in der Gattung *Orchis* zusammengefaßt wurden, ist die Kenntnis der Merkmale von Bedeutung, nach denen heute eine Zuordnung zu den Gattungen *Dactylorhiza* und *Orchis* erfolgt. Deshalb sollen in Kürze die wichtigsten Unterschiede der beiden Gattungen vorangestellt werden: Bezeichnend für die Gattung *Dactylorhiza* sind krautige, laubartige, netznervige Hochblätter, die jeweils länger als der Fruchtknoten sind, ein abwärts gerichteter Sporn, handförmig geteilte Wurzelknollen und ein beblätterter Stengel. Dagegen besitzt die Gattung *Orchis* häutige Hochblätter (kürzer als der Fruchtknoten), einen waagrechten oder aufsteigenden Sporn, kugelige Wurzelknollen sowie meist blattlose Blattscheiden am Stengel. Wichtige Bestimmungsmerkmale für das Fleischfarbene Knabenkraut finden sich bereits im vegetativen Bereich. Ein äußerst weitlumiger, kantiger Stengel trägt 3–6 ungefleckte, hellgrüne, steif aufrechte Laubblätter, die an der Spitze kapuzenartig oder zumindest rinnig zusammengezogen sind. Die Blattspreite ist an der Basis am breitesten; das oberste Blatt erreicht oder überragt sogar den gesamten Blütenstand. Die kräftig ausgebildeten Hochblätter (bzw. Tragblätter) sind länger als die fleischfarbenen (Name!) Blüten, die in einer zylindrischen, reichblütigen, gegen Ende der Blütezeit bis zu 20 cm langen Ähre stehen. Lippe bis 8 mm breit, abgerundet, in der Regel ungeteilt, mit oft undeutlicher Zeichnung (Punktierung). Der zylindrische, nach rückwärts gerichtete Sporn ist kürzer als der Fruchtknoten. **Standort:** Feuchte, sumpfige Wiesen, Moore, Bruchwälder; vorzugsweise auf nassen, kalkhaltigen, jedoch auch auf versauerten Böden; bis in Höhenlagen von etwa 1400 m. **Verbreitung:** Nordisch-eurasiatisch; fast in allen europäischen Ländern, außerdem in gemäßigten Regionen Asiens.
Gefährdet. Geschützt.

Geflecktes Knabenkraut

Dactylorhiza maculata

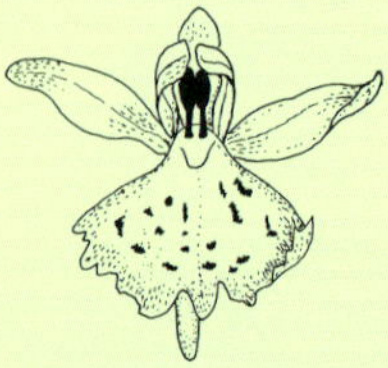

Geflecktes Knabenkraut

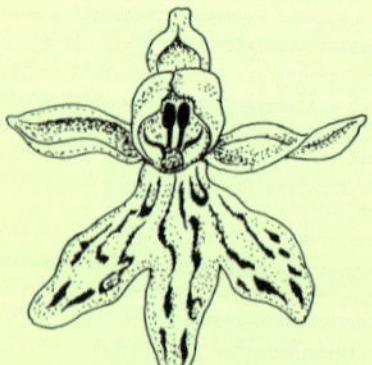

Fuchs' Knabenkraut

Merkmale: 15–50 cm; Blütezeit V–VIII. Diese Art ist durch einen reichblütigen, anfangs pyramidenförmigen, später zylindrischen Blütenstand gekennzeichnet; die hell purpurnen, rosa- oder hell lilafarbenen bis weißlichen Blüten haben abstehende seitliche Hüllblätter und einen dünnen, bis 8 mm langen, nach rückwärts gerichteten Sporn. An der Lippe befinden sich 2 breite, abgerundete seitliche und ein deutlich kleinerer mittlerer Lappen (s. Grafik). Die gesamte Blüte, vor allem aber die Lippe weist im allgemeinen purpurne Flecken bzw. Linien auf, in manchen Fällen auch nur eine feine Punktierung. Die grünen Hochblätter sind etwa so lang wie der gedrehte Fruchtknoten (vermeintlicher Blütenstiel). Ein markiger Stengel trägt 6–10 meist braun gefleckte Blätter (Name!); die unteren sind länglich-lanzettlich, die oberen schmal-linealisch. Knollen handförmig geteilt. **Standort:** Lichte Wälder, Waldwiesen, auch Magerrasen, Flachmoore, Moorheiden; auf feuchten sauren und nährstoffarmen Böden; bis in Höhen von 2000 m. **Verbreitung:** Ganz Europa; in weiten Teilen Asiens, außerdem in Nordafrika. Die Bestäubung der Knabenkräuter erfolgt durch Hautflügler (vor allem Hummeln und Bienen). Sie werden jedoch gewissermaßen »getäuscht«, da der Sporn keinen Nektar produziert. Wie bei Orchideenarten üblich, liegt auch hier eine endotrophe Mykorrhiza vor.
Die Bestimmung der Art wird durch das Vorhandensein mehrerer ziemlich variierender Unterarten erheblich erschwert. Neben den ssp. *maculata, elodes* und *transsilvanica* wird häufig auch das **Fuchs' Knabenkraut** *(D. fuchsii)* als Unterart der hier beschriebenen Art geführt. Ihr wichtigstes Merkmal ist die tief(!) 3-lappige Lippe mit einem dreieckigen, spitzen, vorgezogenen Mittellappen, der deutlich länger als die Seitenlappen ist (s. Grafik).
Geschützt.

Breitblättriges Knabenkraut

Dactylorhiza majalis

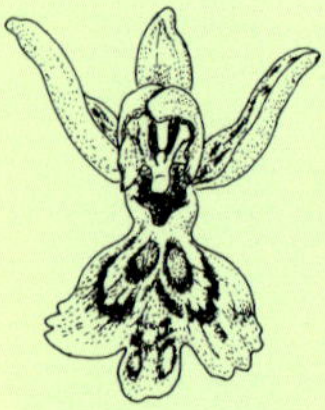

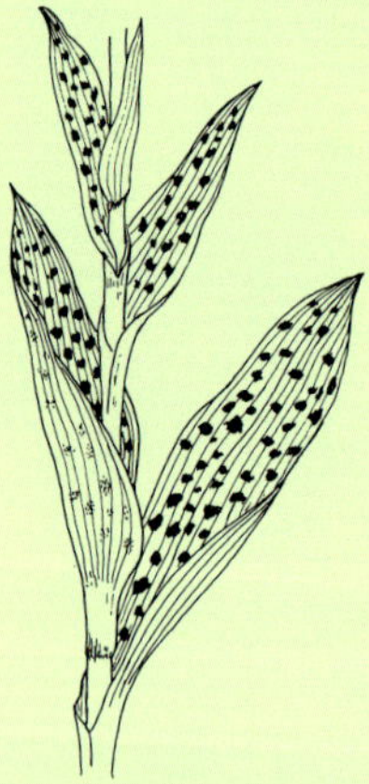

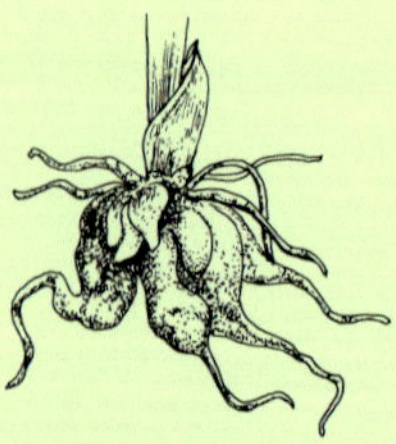

Merkmale: 20–50 cm; Blütezeit V–VII. Blüten purpurrot bis lilafarben, selten weiß; in dichter, reichblütiger Ähre. Die deutlich 3-teilige Lippe ist von breit-keilförmiger Gestalt und weist eine intensiv dunkelrote Zeichnung in Form von Schleifen auf. Ihre beiden Seitenlappen sind im allgemeinen herabgeschlagen. Die oft etwas gefärbten unteren und mittleren Tragblätter übertreffen die Blüten meist an Länge. Von besonderer Bedeutung für die Bestimmung sind die 4–6 trüb-dunkelgrünen Blätter. Die Blattspreite der unteren ist in der Mitte am breitesten, die oberen sind dagegen lanzettlich und zugespitzt. Alle Blätter besitzen in der Regel dunkelbraune Flecken (s. Grafik). Aus diesem Grunde wird die Art häufig mit dem Gefleckten Knabenkraut verwechselt, das jedoch 6–10 Blätter und einen längeren Sporn (etwa so lang wie der Fruchtknoten) aufweist. Die Blätter der hier beschriebenen Art sind ferner kurzscheidig und stehen schlaff ab. Auch der hohle, weitlumige Stengel unterscheidet sich von der markigen Achse des Gefleckten Knabenkrautes. Mehrere (allerdings lokal begrenzte) Unterarten variieren deutlich sowohl im Blatt- als auch im Blütenbereich und können in manchen Fällen die Bestimmung erschweren. Knolle handförmig geteilt (vgl. Grafik). **Standort:** Feuchte Wiesen, Quellsümpfe, Flachmoore, Gräben; auf nährstoffreichen, schwach sauren Böden; bis in Höhen von 1700 m. **Verbreitung:** Mit Ausnahme der nördlichsten Bereiche in ganz Europa und im westlichen Asien. Gefährdet. Geschützt.

Helm-Knabenkraut

Orchis militaris

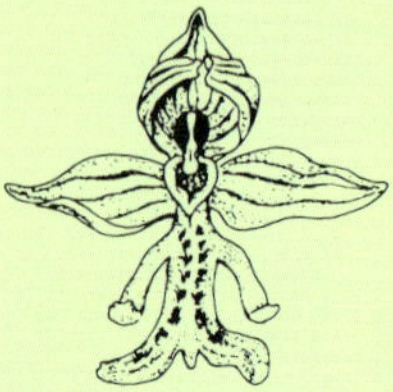

Merkmale: 20–45 cm; Blütezeit V–VI. Das Helm-Knabenkraut gehört zu den am leichtesten erkennbaren Arten der Knabenkräuter. Die außen meist blaßrosa gefärbten Blütenhüllblätter neigen helmartig zusammen und bilden das namengebende, schon auf Distanz erkennbare Merkmal der ovalen, dichtblütigen Ähre. Die blaßpurpurne, in der Mitte weißliche Lippe ist mit dunkelroten, behaarten Papillen versehen; ihr Mittellappen ist an der Basis nahezu doppelt so breit wie die langen, schmalen Seitenlappen. An der Spitze verbreitert sich der Mittellappen plötzlich und zeigt eine Aufspaltung in 2 Zipfel (s. Grafik). Der zylindrische, abwärts gerichtete Sporn erreicht nur die halbe Fruchtknotenlänge. Laubblätter elliptisch bis länglich, nach oben hin etwas schmaler werdend. **Standort:** Grasige, trockene Hänge (insbesondere werden Südwesthänge bevorzugt), Magerrasen, Trockenwiesen; auch lichte Wälder. Die kalkliebende Art kommt bis in Höhen von 1800 m vor. **Verbreitung:** Schwerpunkt in Mittel- und Südeuropa, in Skandinavien und im äußersten Westen fehlend. Das Areal erstreckt sich bis zum Kaukasus und über Süd- und Mittelrußland bis Sibirien.

Das wärmeliebende Helm-Knabenkraut gilt als ausgesprochener Kalkzeiger. Aus den Wurzelknollen der Pflanze wurde früher – wie bei vielen anderen *Orchis*-Arten und heute noch beim Kleinen oder Salep-Knabenkraut – ein Heilmittel, der Salepschleim, gewonnen. Seine Wirkungsweise wird beim Kleinen Knabenkraut *(O. morio;* S. 108) eingehend beschrieben.

Gefährdet. Geschützt.

Brand-Knabenkraut

Orchis ustulata

Merkmale: 8–30 cm; Blütezeit V–VII. Der dichtblütige, anfangs kegelig-kugelige, später längliche Blütenstand wirkt durch die schwarzpurpurne Färbung der Knospen und der Außenseite der Blütenhüllblätter wie »angebrannt«. Aus dieser Erscheinung leitet sich der Name der Pflanze ab. Die Lippe der relativ kleinen Blüten ist samtartig weiß mit purpurroten Punkten; da der Mittellappen in 2 Zipfel geteilt ist, erscheint die ganze Lippe mit den beiden länglichen Seitenlappen eher 4-lappig (s. Grafik). Die übrigen, eiförmigen Blütenhüllblätter bilden einen halbkugeligen Helm. Außerdem ist ein sehr kurzer Sporn (3- bis 4-mal kürzer als der Fruchtknoten) vorhanden. Die Laubblätter der Pflanze sind länglich-lanzettlich und spitz. **Standort:** Magerrasen, trockene Wiesen; seltener lichte Gebüsche oder Wälder. Die Art tritt vorwiegend auf kalkhaltigen Lehmböden auf; im Gebirge gelegentlich bis in Höhen von fast 2000 m. **Verbreitung:** Das Areal des Brand-Knabenkrautes umfaßt im wesentlichen zentraleuropäische Bereiche und das Mediterrangebiet und reicht mit seinen östlichen Ausläufern über Mittelasien bis nach Westsibirien.

Das Brand-Knabenkraut zählt zu den selteneren Orchideen und reagiert besonders empfindlich auf Wiesendüngung. An vielen Stellen ist es bereits verschwunden! Die Blüten der besonders wärmeliebenden Pflanze duften sehr stark. Sie locken damit die sie bestäubenden Tagfalter an.

Stark gefährdet. Geschützt.

Kleines Knabenkraut

Orchis morio

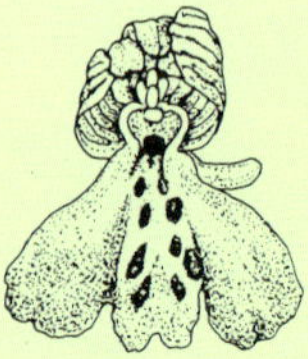

Merkmale: 8–30 cm; Blütezeit V–VII. Kurze, ovale, lockere Ähre mit purpurvioletten (selten ganz weißen) Blüten. Die stumpflichen, purpurroten Blütenhüllblätter neigen helmartig zusammen; sie erscheinen durch grüne Adern deutlich gestreift. Lippe 3-lappig, mit breiten Seitenlappen, dadurch breiter als lang (s. Grafik); alle 3 Lappen sind zudem beinahe gleich lang. Der bis zu 11 mm lange und keulig-dicke Sporn ist – wie für die gesamte Gattung *Orchis* typisch – leicht aufsteigend oder zumindest horizontal abstehend. Tragblätter linealisch, so lang wie der Fruchtknoten; Laubblätter breit- bis länglich-lanzettlich, ungefleckt. Stengel kantig. **Standort:** Magerrasen, trockene Wiesen, Gebüsche, lichte Wälder; auch Wiesenmoore. Kalkhaltige, nährstoffreiche Böden werden bevorzugt; bis 1400 m. **Verbreitung:** Nahezu im gesamten europäischen Raum, fehlt jedoch im äußersten Norden. Vorderasien gehört ebenfalls noch zum Verbreitungsgebiet.

Die Art kann als typischer Magerkeitszeiger angesehen werden. Bienen und Hummeln sind maßgeblich an der Bestäubung beteiligt. Der andere deutsche Artname Salep-Knabenkraut weist auf die pharmazeutische Bedeutung der Pflanze hin. Wie breits auf S. 104 erwähnt, gewinnt man aus den Wurzelknollen ein Heilmittel (Tubera Salep), das auch in unserer Zeit noch vielfach Verwendung findet. Die Knollen sind reich an Pflanzenschleim und Stärke und enthalten zudem einen hohen Proteid-Anteil; sie werden abgebrüht, getrocknet und pulverisiert. Der Salepschleim wirkt vor allem antidiarrhöisch. Er wird außerdem als reizlinderndes Mittel bei Katarrhen und als Zusatz von Einläufen verwendet; ferner dient er zur Herstellung von Appreturen und Emulsionen, als Klebemittel und im Orient als Aphrodisiakum.

Stark gefährdet. Geschützt.

Männliches Knabenkraut

Orchis mascula

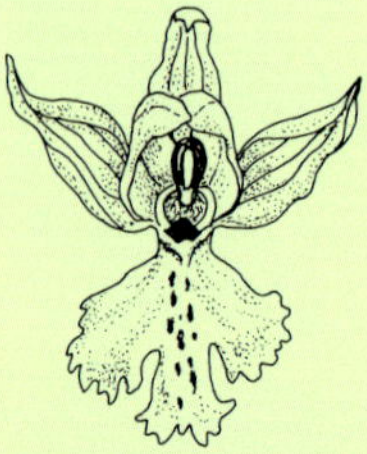

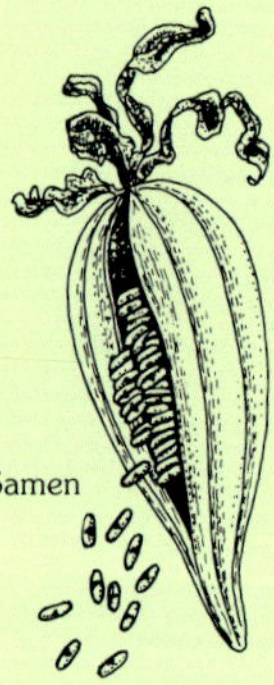

Samen

Fruchtkapsel, aufspringend

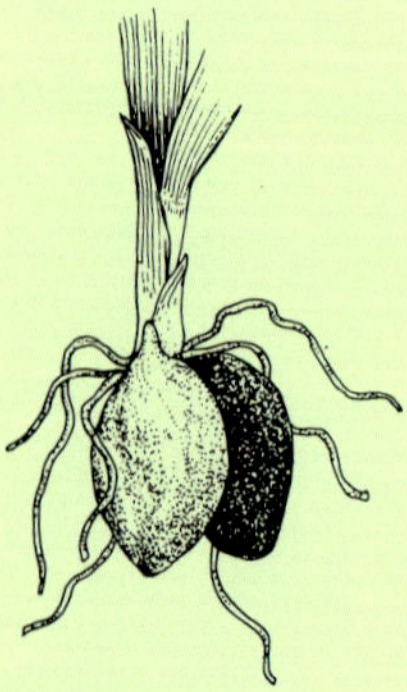

Wurzelknollen

Merkmale: 20–50 cm; Blütezeit V–VI. Bei dieser Art bilden die Perigonblätter keinen Helm. Die purpurroten, selten auch ganz weißen Blüten sind in einer ovalen, reichblütigen Ähre locker angeordnet. Die seitlichen, äußeren Perigonblätter sind nahezu rechtwinkelig zurückgeschlagen, die beiden inneren erreichen nicht die Länge des mittleren äußeren Blütenhüllblattes. Lippe tief 3-lappig, mit gezähnten, breiten Lappen (s. Grafik). Der zylindrische, nach rückwärts gerichtete Sporn und die rötlichviolett überlaufenen Tragblätter haben etwa die Länge des Fruchtknotens (scheinbarer Blütenstiel). In den Fruchtkapseln entstehen Tausende winziger Samen (vgl. Grafik), die als »Körnchenflieger« ähnlich wie Sporen durch den Wind verbreitet werden. Stengel und Blätter sind kräftig grün gefärbt, letztere weisen oft eine schwarzpurpurne Punktierung oder Fleckung auf. Die Überwinterung erfolgt wie bei den anderen *Orchis*-Arten mit 2 bis 3 ungeteilten Wurzelknollen; alle Vertreter der Gattung werden daher zur Lebensform der Geophyten gerechnet. **Standort:** Buschige Wiesen, Magerrasen, Schafweiden, Heiden, auch lichte Laubwälder; Südwest-Hanglagen sowie kalkreiche Lehmböden werden vorzugsweise besiedelt; bis in Höhenlagen von 1900 m. **Verbreitung:** Ganz Europa sowie Vorderasien und Nordafrika.

Das Männliche oder Manns-Knabenkraut, auch unter dem Namen Stattliches oder Kuckucks-Knabenkraut bekannt, gehört zu den noch am häufigsten anzutreffenden *Orchis*-Arten. Doch selbst bei dieser Art ist infolge der fortschreitenden Umwandlung geeigneter Biotope in »Nutzflächen« ein deutlicher Rückgang festzustellen. Aus den Wurzelknollen dieser Art wird gleichfalls Salepschleim gewonnen, der ähnlich wie der des Kleinen Knabenkrautes vielfältige Verwendung findet (s.S. 108). Artname sowie Gattungs- und Familienbezeichnung sind auf die Hodenform der ungeteilten Wurzelknollen zurückzuführen (s. Grafik).

Gefährdet. Geschützt.

Hummel-Ragwurz

Ophrys holosericea

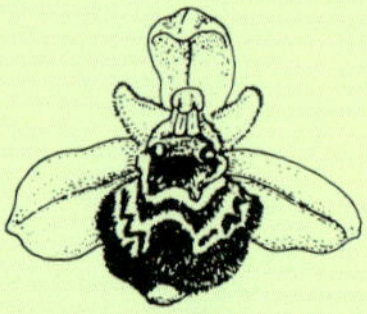

Merkmale: 15–35 cm; Blütezeit V–VI. Stengel mit 3–6 Laubblättern und 2–10 großen Blüten, deren Aussehen an eine Hummel erinnert. Die 3 äußeren, weiß oder rosa gefärbten Blütenhüllblätter sind viel länger als die beiden 3-eckigen, behaarten Perigonblätter des inneren Kreises. Lippe samtartig, rot- bis dunkel purpurbraun, etwa so lang wie breit und ungeteilt; am Grund mit gelblichen Zeichnungen, an der Spitze mit einem grüngelben, kahlen, aufwärts gebogenen Anhängsel (s. Grafik). **Standort:** Kalk-Magerwiesen, Halbtrockenrasen, Waldlichtungen; kalkreiche Lehm- oder Lößböden. **Verbreitung:** Mittel-, West-, Südeuropa.
Die Gattung *Ophrys* gehört dem mediterranen Florenelement an; dies wird u. a. an dem Wärmebedürfnis und der Frostempfindlichkeit deutlich. Schon von den Standortbedingungen ist daher ein Vorkommen bei uns sehr begrenzt. Lange Zeit war unklar, welche Funktion das seltsame, an Gliederfüßer erinnernde Aussehen der Blüten hat. Erst Beobachtungen von Pouyanne an einer mediterranen Art und Attrappenversuche von Kullenberg mit der Fliegen-Ragwurz (s. S. 114) ließen das Phänomen einer hochspezifischen symbiotischen Anpassung zwischen diesen Blüten und ihren Bestäubern verständlich werden. Es handelt sich um Sexual-Täuschblumen, die nur von männlichen Tieren bestäubt werden. Die Blüten, die in Form und Farbe weibliche Tiere vortäuschen, produzieren zur Fernanlockung der Männchen Duftstoffe, die den Sexuallockstoffen der Weibchen außerordentlich ähnlich sind. Die herbeigelockten Männchen orientieren sich im Nahbereich an den optischen Signalen, die durch Form und Farbe gegeben werden. Wichtige Auslöser für die Landung auf der Blüte sind die dunkle Färbung der Lippe und das hell schillernde zentrale Farbmal. Die Feinorientierung auf der Blüte, die von den Männchen als Weibchen angesehen wird, erfolgt durch die speziellen Behaarungsmuster – jetzt sind Tastreize entscheidend! Das Männchen führt nun auf der Blüte Kopulationsversuche durch, bei denen die Pollinien (»Pollenpakete«) übernommen und später auf Blüten anderer Pflanzen übertragen werden. Durch die hochkomplizierten »Attrappenblüten« (den Insekten wird kein Nektar angeboten!) sichern die Ragwurz-Arten ihre Bestäubung. Bestäuber sind Grabwespe (Fliegen-R.), Erdbiene (Spinnen-R.), Langhornbiene (Hummel-R.), diverse Bienen bzw. Selbstbestäubung (Bienen-R.)
Stark gefährdet. Geschützt.

Fliegen-Ragwurz
Ophrys insectifera

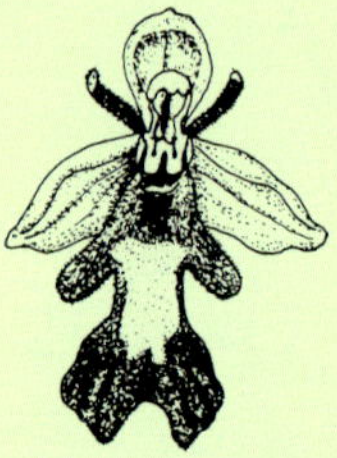

Merkmale: 15–40 cm; Blütezeit IV–VI. Blüten in lockerer Ähre, in Gestalt und Farbe fliegenartigen Insekten täuschend ähnlich. Neben den 3 grünlichen äußeren Blütenhüllblättern fällt vor allem die viel längere, samtige, braunpurpurne Lippe auf, in deren Mitte sich ein kahler, blaugrauer, 4-eckiger Fleck befindet (s. Grafik). Der mittlere der 3 Lappen kann nur ausgerandet oder tief 2-spaltig sein, dementsprechend erscheint die Lippe 3- bis 4-lappig; die Seitenlappen sind lanzettlich. Die beiden verbleibenden, sehr kurzen und fadenförmig-dünnen inneren Blütenhüllblätter erwecken den Eindruck von Insektenfühlern. 4–5 Laubblätter. **Standort:** Magerrasen; lichte, trockene Wälder (insbesondere Kiefernwälder), sonnige Hänge. Die wärmeliebende Art bevorzugt kalkreiche, lehmige Böden. **Verbreitung:** Nahezu ganz Europa.

Der Bestäubung der Blüten liegt ein bemerkenswerter, hochkomplizierter Mechanismus zugrunde, der auf blütenökologischer Ebene als eine der selektivsten Anpassungen angesehen wird, die zwischen Blüte und bestäubendem Insekt zu beobachten ist (s.S. 112).

Gefährdet. Geschützt.

Bienen-Ragwurz
Ophrys apifera

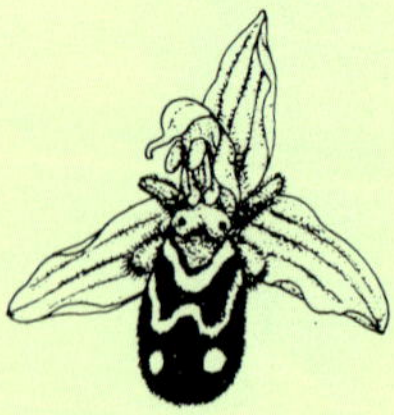

Merkmale: 15–40 cm; Blütezeit V–VII. Die 2–7 samtartigen Blüten der Pflanze sind durch rosafarbene oder weiße äußere Perigonblätter und viel kleinere, grünliche innere Blütenhüllblätter, vor allem aber durch die spezifische Lippe gekennzeichnet. Diese ist länger als breit, etwas gewölbt und in der Regel 5-lappig (s. Grafik). Die beiden ovalen, hinteren Lappen stehen etwas ab, die 3 vorderen neigen sich unter einer Rückkrümmung zusammen; der mittlere besitzt ein kahles, oft abwärts gebogenes Anhängsel. Auf braunem Grund finden sich gelbliche Zeichnungen. **Standort:** Magerrasen, lichte Eichen-Kiefern-Wälder. Die Art ist ausgesprochen wärmeliebend, frostempfindlich und beansprucht kalkreiche Böden! **Verbreitung:** Mit Ausnahme von Nordeuropa im gesamten europäischen Gebiet; im Osten reicht das Areal bis in den Iran, im Süden bis Nordafrika.

Bei der **Spinnen-Ragwurz** *(Ophrys sphecodes)* sind die äußeren Blütenhüllblätter (gelb-)grünlich, die Lippe ist nur wenig länger, rotbraun gefärbt und ungeteilt (höchstens schwach ausgerandet). Sie ähnelt dem Hinterleib einer (Kreuz-)Spinne. Bezeichnend ist ein H-förmiges Farbmal, dessen Gestalt variieren kann.

Stark gefährdet. Geschützt.

Hundswurz

Anacamptis pyramidalis

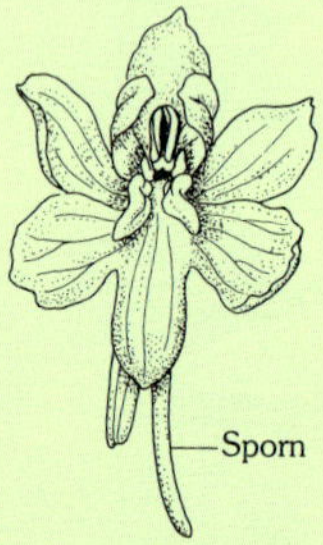

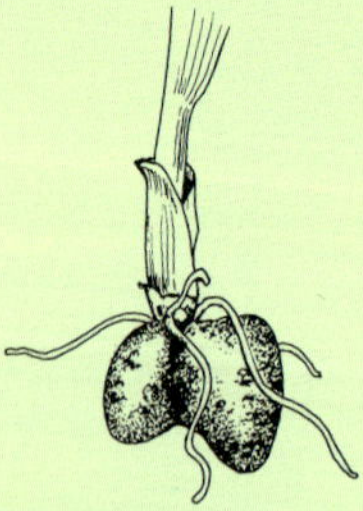

Wurzelknollen

Merkmale: 20–60 cm; Blütezeit V–VII. Die seltene Orchidee ist relativ leicht an dem pyramidenförmig-ovalen, bis zu 5 cm langen Blütenstand zu erkennen. Zahlreiche fleischfarbene bis purpurrote Blüten stehen dicht gedrängt zusammen; sehr selten treten auch ganz weiß blühende Pflanzen auf. Wichtigstes Merkmal der 3-lappigen Lippe sind 2 lamellenartige Längsschwielen an der Lippenbasis (s. Grafik); die Lappen selbst sind in der Regel etwa gleich, von länglicher Gestalt und ganzrandig. Der 12 mm lange, dünne Sporn übertrifft den Fruchtknoten meist an Länge. Die anderen Perigonblätter sind zugespitzt, die Tragblätter der Blüten linealisch-lanzettlich. Eine entsprechende Form haben die ebenfalls zugespitzten Laubblätter. Die beiden Wurzelknollen dieser Art sind rundlich bis oval und zeigen meist keine Unterteilung (s. Grafik). **Standort:** Magerrasen, Wiesen (auch Moorwiesen); sonnige Hänge, Böschungen, Raine, Gebüsch; vorzugsweise auf kalkreichen Böden. **Verbreitung:** Fast in ganz Europa, jedoch nicht im mittleren und nördlichen Skandinavien. Das Areal umfaßt den gesamten Mittelmeerraum einschließlich Nordafrika und reicht östlich bis in südwestasiatische Gebiete.

Die Hundswurz, auch Kammstendel oder Pyramiden-Orchis genannt, kann aufgrund ihres großen Wärmebedürfnisses nur an wenigen klimatisch besonders günstigen Stellen gedeihen. Ähnlich wie bei den Ragwurz-Arten *(Ophrys)* sind damit dem Vorkommen in Mitteleuropa schon durch klimatische Faktoren enge Grenzen gesetzt. Nur ein effektiver Biotopschutz kann der heimischen Flora diese Raritäten erhalten! Die Blüten der Hundswurz werden von Tagfaltern bestäubt, die die Nahrungsquelle an Färbung und intensivem, angenehmem Duft erkennen.

Stark gefährdet. Geschützt.

Riemenzunge, Bocks-Orchis

Himantoglossum hircinum

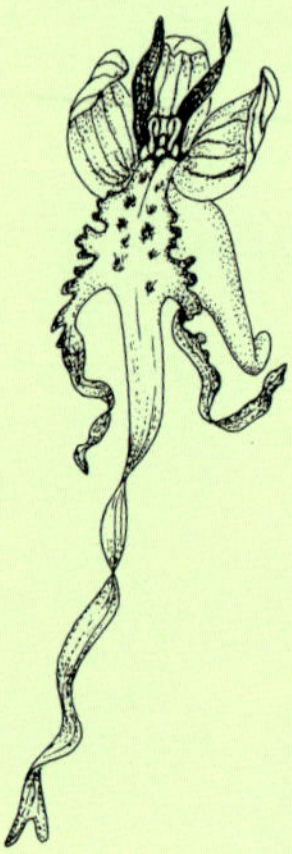

Merkmale: 30–90 cm; Blütezeit V–VII. Die durch ihre grünliche bis weißliche Färbung weniger auffälligen Blüten der Riemenzunge lenken die Aufmerksamkeit mittels eines anderen Merkmals auf sich: Sie verströmen einen unangenehmen, starken Bocksgeruch, der dieser seltenen Orchidee auch den Namen Bocks-Orchis einbrachte. In einer bis zu 30 cm langen Blütenähre befinden sich zahlreiche Blüten von unverwechselbarem Aufbau: Die äußeren Perigonblätter bilden einen bleichgrünen Helm, ihre Innenseiten sind purpurn und grün gezeichnet. Die 3-teilige Lippe setzt sich aus 2 seitlichen, linealischen, wellig gekräuselten Lappen und dem riemenförmig-bandartigen Mittellappen zusammen (s. Grafik). Letzterer ist auffallend lang (bis zu 60 mm!), anfangs uhrfederartig eingerollt und später im gestreckten Zustand meist etwas gedreht. Von ihm leitet sich der deutsche Artname ab. Auch die Lippe hat eine weißlichgrüne Grundfärbung, von der sich die rötliche Punktierung abhebt. Ferner existiert ein kurzer, kegelförmiger Sporn. Der kantige Blütenschaft trägt mehrere länglich-lanzettliche Blätter. **Standort:** Magerrasen; sonnige, grasige Hänge und Böschungen, lichtes Gebüsch; vorzugsweise auf kalkreichen Lehm- oder Lößböden. **Verbreitung:** Vor allem in West-, Mittel- und Südeuropa (in Nordeuropa fehlend!); außerdem in Nordafrika und Kleinasien. Die Riemenzunge gehört zu den submediterranen Arten, deren Hauptverbreitung am Nordrand des Mittelmeers liegt.

Die wärmeliebende, ziemlich frostempfindliche Art findet in Mitteleuropa nur noch an wenigen Stellen zusagende Bedingungen vor.

Stark gefährdet. Geschützt.

Korallenwurz

Corallorrhiza trifida

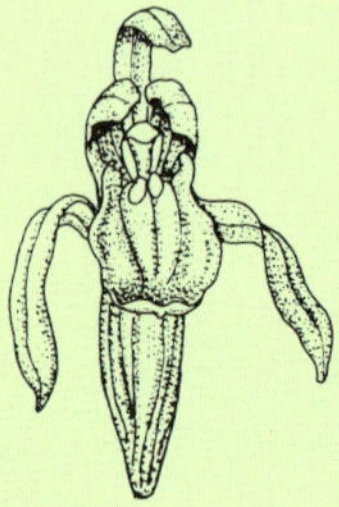

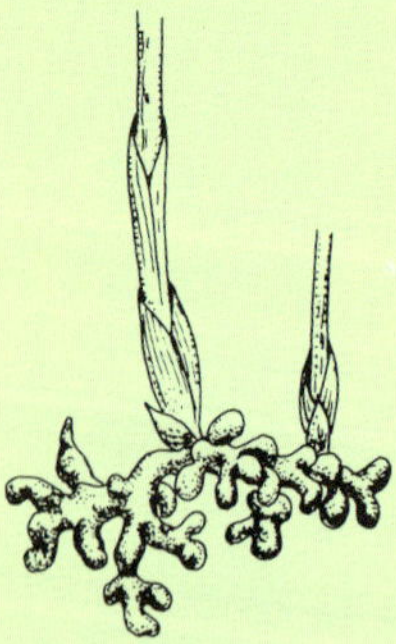

Rhizom

Merkmale: 8–25 cm; Blütezeit V–VII. Die sehr selten gewordene Korallenwurz kann unmittelbar als parallele Erscheinung zu der bereits dargestellten Nestwurz *(Neottia nidus-avis,* S. 92) verstanden werden. Auch hier bildet die Pflanze keine echten Laubblätter, sondern nur bleiche, scheidige Schuppenblätter aus, und dementsprechend ist ein deutlicher Chlorophyllmangel feststellbar. Die im Gegensatz zur Nestwurz noch bleich- bis gelblichgrüne Färbung deutet jedoch an, daß die Fähigkeit zur Fotosynthese zwar stark reduziert, aber nicht vollständig auszuschließen ist. In einem locker-armblütigen, schlanken Blütenstand befinden sich 4–9 gelbgrüne Blüten, deren 3–6 mm lange Perigonblätter einen Helm bilden. Die längliche, stumpfe Lippe kann kaum noch als 3-lappig bezeichnet werden (beiderseits findet sich nur ein stumpfer Zahn); sie ist weißlich und besitzt in Schlundnähe dunkelrote Punkte, die als optische Signale für die bestäubenden Insekten von Bedeutung sein dürften. Der Name der Pflanze rührt von ihrem rötlichen, korallenartigen Rhizom (verzweigter Erdsproß, hier aber ohne(!) Wurzeln; vgl. Grafik) her. **Standort:** Schattige Laub- und Nadelwälder, insbesondere moosige Fichtenwälder. Vergesellschaftet mit Etagenmoos *(Hylocomium splendens)* und Wintergrün. Kalk- und nährstoffarme Böden werden bevorzugt; bis 1800 m. **Verbreitung:** Zirkumpolar; Nordamerika, Island, Nord-, West- und Mitteleuropa bis Sibirien.

Auch bei der Korallenwurz wird durch die Reduktion der Blätter und den Mangel an Blattfarbstoffen deutlich, daß diese Art nicht mehr autotroph ist (fähig, sich unter Ausnutzung der Strahlungsenergie nur von anorganischen Stoffen zu ernähren), sondern dauernd auf ihre Symbiose mit höheren Pilzen (endotrophe Mykorrhiza) angewiesen ist. Wie bei der Nestwurz ist infolgedessen auch hier die Blütenpflanze quasi bereits zum Parasiten auf dem Pilzmycel geworden!

Gefährdet. Geschützt.

Gefleckter Aronstab

Arum maculatum

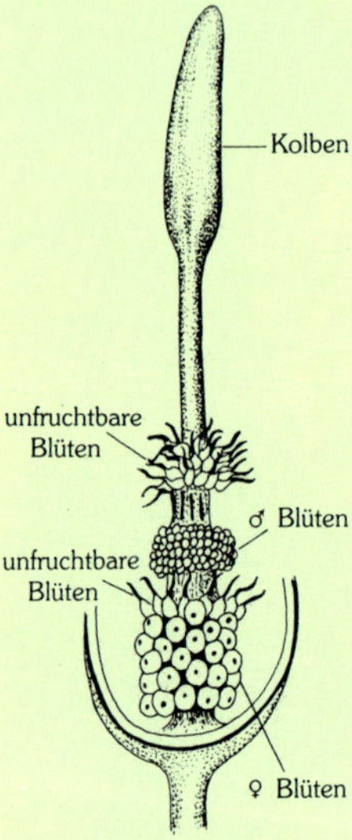

Blütenstand,
Spatha entfernt

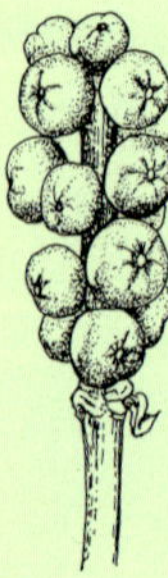

Fruchtstand

Merkmale: 15–50 cm; Blütezeit IV–V. Ein bis zu 20 cm langes, grünliches Hochblatt (Spatha), das basal tütenförmig eingerollt ist und sich zu einem bauchigen Kessel erweitert, umgibt den endständigen Kolben. An diesem lassen sich bei genauer Betrachtung verschiedene Bereiche erkennen (vgl. Grafik): Ganz unten im Kessel befinden sich die eingeschlechtigen(!), sehr stark reduzierten Blüten, zuunterst ein Kranz von weiblichen und etwas höher ein Ring männlicher Blüten. Schließlich ragt das keulenförmige, nackte (keine Blüten!) violett oder dunkelpurpurn gefärbte Kolbenende aus der Spatha-Umhüllung. Insgesamt kann man den gesamten Blütenstand einschließlich des Hochblattes als große »Scheinblüte« (Pseudanthium) auffassen. Als Früchte werden fleischige, rote Beeren in einem ährenartigen Fruchtstand (s. Grafik) gebildet; sie enthalten Giftstoffe. Die lang gestielten, spieß- bis pfeilförmigen, grundständigen Blätter sind entgegen dem Artnamen in den meisten Fällen ungefleckt. **Standort:** Nährstoffreiche, humose Laubwälder (besonders Buchen), Schluchtwälder, Auenwälder; bis 1000 m. **Verbreitung:** Südskandinavien, Mittel- und Südeuropa.

Der gesamte Blütenstand des Aronstabs stellt eine Kesselfalle dar: Beim Aufblühen rollt sich die Spatha auf und der Kolben ragt heraus. Er scheidet unangenehm urin- bis kotähnlich riechende, flüchtige Substanzen an die Umgebung ab und fördert gleichzeitig deren Verdampfung durch intensive Wärmeentwicklung (die bei der Veratmung von Stärke im Kolben entsteht). Durch den Duft werden Schmetterlingsmücken *(Psychoda)* angelockt, die von dem durch Ölzellen glatten Rand in die Kesselfalle abstürzen, aus der sie wegen der glatten Wände und reusenartig angeordneten Haare vorerst nicht entkommen können. Inzwischen hat das weibliche Blühstadium begonnen: Die Narben scheiden ein Sekret zur Beköstigung der Insekten ab und werden von deren mitgebrachtem Pollen bestäubt. Es handelt sich demnach um eine Vorweiblichkeit (Proterogynie). Am folgenden Tag öffnen sich die männlichen Blüten, die Insekten beladen sich erneut mit Pollen; inzwischen sind auch die Gleitflächen wieder begangbar und die »Reusenhaare« erschlafft. Der Geruch ist verschwunden. Bald schon sind die Insekten wieder frei und werden – von einem anderen Blütenstand angelockt – in gleicher Weise den Pollen übertragen. Damit sind Fremdbestäubung und Fruchtansatz gesichert!

Drachenwurz

Calla palustris

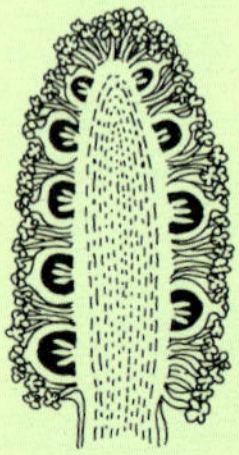

Blütenkolben, Längsschnitt

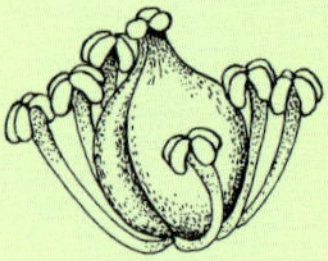

Einzelblüte

Merkmale: 10–30 cm; Blütezeit V–VIII. Spatha (= auffälliges Hochblatt) flach, außen grünlich, innen weiß. Kolben gelb, eiförmig, bis zur Spitze mit Blüten (s. Grafik); diese sind sehr stark reduziert (ohne Blütenhülle), meist zwittrig (s. Grafik), allenfalls die oberen oft nur männlich. Beeren scharlachrot, dicht gedrängt. Blätter rundlich-herzförmig, glänzend, fast lederig; lang gestielt. Rhizom (kriechender Erdsproß) langgestreckt, zylindrisch, grün. **Standort:** Waldsümpfe, (Erlen-) Buchenwälder, Teichränder, Gräben, Tümpel und Moorschlenken. **Verbreitung:** Zirkumpolar: Europa, (Nord-) Asien, Nordamerika; kontinentale Ausrichtung.

Die Drachenwurz – auch Schlangenkraut genannt – ist Zeigerpflanze für Staunässe. Die Bestäubung erfolgt vorwiegend durch Schnecken (dies ist eine Besonderheit, die nur bei wenigen Sumpfpflanzenarten vorkommt!), gelegentlich auch durch Insekten. Die Beerenfrüchte werden mit Hilfe des Wassers und durch Wasservögel verbreitet. Die gesamte Pflanze, insbesondere aber das Rhizom, enthält scharf schmeckende, giftige Substanzen (wahrscheinlich Aroin wie der Aronstab, s. S. 122), die früher gegen Schlangengiftwirkung verwendet wurden (Name); auch schrieb man der Pflanze schweißtreibende Wirkung zu.

Gefährdet. Geschützt.

Register

Deutsche Namen

Wissenschaftliche Namen